计算机学术研究进展丛书

基于本体的数字内容数据管理技术

Managements Techniques for Ontology-based Digital Content Data

宋华珠　袁景凌
Khamis Abdul-latif Khamis　　著
巫世峰　钟　忺

U0265259

科学出版社

北京

内 容 简 介

　　本书是一本深入探索数字内容数据管理的专业书籍。本书与时俱进,给出数字内容的基本含义、特点及挑战;在讲解语义及本体的基础知识后,本书给出从基于本体的数字内容数据的形式化表示、基于本体的数字内容数据的存储模型、数字内容数据的访问模型,到基于本体的数字内容数据的查询模型的方法,不仅对数字内容数据给出形式化描述与逻辑推导,同时针对一些实际问题给出有效的解决方法,实现对数字媒体数据进行有效管理;最后,给出一些应用实例。本书旨在从本体角度去管理数字内容数据,以便让机器懂得所操作的数据,从而使人们更好地共享、交流数字内容数据。

　　本书可供网络媒体、数字媒体、语义、本体、知识表示及人工智能等领域的师生及研究者阅读参考。

图书在版编目(CIP)数据

　　基于本体的数字内容数据管理技术/宋华珠等著. —北京:科学出版社,2018.3

　　(计算机学术研究进展丛书)

　　ISBN 978-7-03-050508-8

　　Ⅰ.①基… Ⅱ.①宋… Ⅲ.①数据管理 Ⅳ.①TP274

中国版本图书馆 CIP 数据核字(2016)第 267804 号

责任编辑:杜　权 / 责任校对:董艳辉
责任印制:张　伟 / 封面设计:苏　波

科 学 出 版 社 出版

北京东黄城根北街 16 号
邮政编码:100717
http://www.sciencep.com

北京凌奇印刷有限责任公司 印刷
科学出版社发行　各地新华书店经销

*

开本:B5(720×1000)
2018 年 3 月第 一 版　印张:11 1/2
2023 年 6 月第五次印刷　字数:250 000

定价:70.00 元
(如有印装质量问题,我社负责调换)

前　　言

随着互联网技术的发展日益生活化,人们经常在网络上上传、下载及存储诸如文本、音频、图像、视频、图形及动画等文件,以达到这些资源的应用与共享。

数字内容(digit contents,DCs)是将图像、文字、影音等内容通过数字技术进行整合应用的产品或服务的总体。DCs 数据主要目的是解决 Web 上丰富的数字内容数据资源有效利用的问题,从而大大提高数字资源的共享、交流与应用程度。

如今,数字内容面临很多挑战,涉及内容表示、存储、访问、查询及管理等方方面面,更多的则与社会媒体的 DCs 数据共享有联系。例如,尚未找到对DCs 数据进行形式化表示的方法,难以从数字内容对象中抽象出概念领域,以及缺乏能表现数字内容领域的逻辑表示方法,缺乏为 DCs 数据提供高质量服务的、有效且适合的存储、访问和查询模型。面对已形成大数据的数字内容资源,本书并不建立 DCs 本体模型,而是提供了一种方便实用的 DCs 数据表示及构建 DCs 领域的方法。其贡献在于构造了一组能够阐明 DCs 领域基本知识结构的概念,并提出一种基于本体的 DCs 数据的表示、存储、访问和查询方法。

首先,本书利用媒体分割技术对 DCs 数据中的媒体对象进行抽象的方法来确定概念,建立描述 DCs 数据的分类标准,描述 DCs 数据中的概念及其之间的关系,提出了对 DCs 概念领域的形式化表示方法。设计和验证一个融合媒体对象静态和动态特点的、基于本体的 DCs 推理引擎框架,并使用 OWL-DL 和数字内容描述语言来表示具有逻辑推理形式的 DCs 数据,对该数据进行维护,使之服务于 DCs 本体领域。

接着,本书利用概念、定义和工具来改进 DCs 存储模型结构(DCsSM),以提升 DCsSM 的性能。DCsSM 建立在基于键-值对存储模式的 Oracle NoSQL 数据库上,该模式中的数据以键-值对作为二元数组来存储,其键是按从大到小排序,其值以文本形式存储。该模型能支持 RDF 文件格式的三元组或者 N-quads 格式,并能以 JSON 模型来保存 DCs 数据。另外,本书将研究内容拓展到 DCsSM 载入层的集成,由于 bulk loading 和并行处理被同时用于将 DCs 本体载入文件到数据库中,增加了 DCsSM 中附加的载入层,作为一种可行的解决方案,该方案可将大型 RDF 文件提交至数据库中,并提供使用 B＋树的定义来计算 DCs 键-值对存储模式的性能。

然后,本书提供一个新的基于语义描述和逻辑推理的 DCs 数据的访问模型,该模型有助于精简用户访问策略,增强 DCs 数据的访问性能。它通过定义 DCs 访问来改进传统的基于本体的数据访问模型,从中获得了更健壮的基于查询的访问控制模型(Q-RBACM)来代替一般的基于规则的用户访问控制模型,以此来满足所有查询条件下的需求及用户访问策略。Q-RBACM 由多种不同的用户访问策略、DCs 虚拟层、查询层及映射层组成,用于分布式的 Oracle NoSQL 数据中心集成 DCs 数据;DCs 虚拟层是为加快在数据库中对所需 DCs 数据的访问速度而提出的。

最后,本书提供一种新的 DCs 查询处理模型构建方法(DCsQM)和一种从包含高级、低级的动态属性和关系中查询具有复杂结构的 DCs 本体数据的技术。DCsQM 通过引入 SPARQL 查询语言、使用 Apache Jena 应用程序接口从 Oracle NoSQL 数据库中获取数据。为了能高效地检索数据,在 DCsQM 上加入 SPARQL 查询层到 Oracle NoSQL 数据库的导入工作。DCsQM 利用 SPARQL 的代数技术和聚合函数简化对存储在数据库的 DCs 本体域中的每个隐含节点的抽取机制,提出一个能把 SPARQL 查询表达式转换为多个功能独立的代数表达式的查询表达式构造算法。

此外,为不同用户提供高质量的数字内容的服务,将对基于本体的 DCs 数据的研究成果分别应用于不同的具体问题,以进一步验证研究成果的有效性。

本书由武汉理工大学宋华珠博士、袁景凌博士、Khamis 博士、巫世峰博士和钟忟博士共同撰写。特别感谢整个过程中钟珞教授给予的指导与帮助,感谢李婷、程贵、陈宁宁、甄亚亚、涂坤、郭世娇、毛会君、周冉给予的协助,感谢参考文献作者们的贡献。本书源于我们的研究,文中不当之处在所难免,敬请指导。

作　者
2018 年 1 月

目　　录

1 绪 论

随着多媒体技术、网络技术、通信等技术的发展,以及人们对数字内容需求的增加与欣赏品味的提高,现在的数字内容已经是人们必不可少的一种媒介,在人们的工作、生活中扮演着越来越重要的角色。

数字内容首次是以"数字内容产业(digital content industry)"一词出现于1995年的西方七国信息会议中,欧盟在《信息社会2000年计划》中进一步明确了数字内容产业的内涵。在国际上,不同国家对数字内容产业有着不同观点的定义和描述:英国称之为创意产业;澳大利亚称之为创意性内容产业;加拿大称之为电子内容产业;美国称之为多媒体交互式数字内容产业。虽然这些称谓不同,但主要涵盖领域基本与欧盟确定的范围一致。

随着社会的进一步发展与人们需求的增长,数字内容产业正快速、迅猛地发展,并且在相当长的一段时间内保持着高速发展的态势。

数字内容(digital contents,DCs)的数据丰富多彩,所以需要从存储、访问、查询、管理,特别是社交媒体中进行内容发布[1-8]。从存储方面讲,DCs数据被归类为非结构化数据,一般存储在许多的关系数据库和面向对象数据库中,也有的非结构化的DCs以其他形式保存,这给数据管理带来了困难。有时,如果把存储在数据库中的DCs作为一个结构化数据,则会降低数据访问的性能,这可能会导致存储灾难。通常情况下,每个用户每天的数据以兆字节(MB)甚至数百千兆字节(GB)产生,因此,在现代信息社会里,构建一种有效的存储和访问这种数据的方法势在必行。针对每秒需要处理兆字节的数据,大多数商业公司宁可扩大硬件资源,也不改变软件要求,它们现在正在寻找解决这个问题的方法。在数据访问控制方面,存在着一些现存的和长期的问题,这些问题阻碍了大多数基于本体的存储、访问和查询模型的开发和使用。本体知识库的快速增长使得一些数据库开发人员适应大多数的传统数据库系统的访问策略,而不是针对领域需求开发一个适当的策略。许多策略继承于传统的关系数据库(例如SQL Server,Oracle,MySQL等),并没有提供与三元组数据交互。这种从其他存储系统采用或浏览访问的策略,在本体库和数据库之间添加了一个不必要的层,因此必须建立一个新的访问方法和访问策略,以加强本体数据的访问能力,并把它视为 DCs 存储模型和查询模型中的普通数据。

本章首先明确数字内容的定义、特点及分类,然后讨论数字内容的共享,最后指出其面临的主要问题和挑战。

1.1　数字内容的定义与分类

数字内容是指通过数字化技术,把内容转化为计算机唯一能识别的 0 或 1 的组织方式,并以物理形式存储的数据;或者是任何可以用于发布、上传到网上的文本、音频、图像、视频、图形及动画等文件形式的数字数据。例如,互联网上能看到或听到的所有信息都是数字内容,包括电子书、歌曲、电影等。

数字内容按传统意义分类,可以分为音乐、电影和电视、电子游戏、电子书及数字体育服务,如表 1-1 所示。

表 1-1　传统意义的数字内容分类

分类名称	特点	备注
音乐	随身携带,任何时候、任何地方都可以播放	music
电影和电视	发现和观看所喜欢的电影和电视节目	movie & tv
电子游戏	通过游戏机、台式机、手机、平板电脑等设备玩游戏	video game
电子书	为学习或娱乐提供的电子资料	e-books
数字体育服务	对最新体育比赛的直播、录像等的服务	

由于数字内容贯穿于我们工作与生活的方方面面,所以不同的应用场合,对数字内容的分类也有所不同。图 1-1 给出了如何从互联网或线下资源入手,利用不同的数字内容确定课程教学内容的过程[9]。

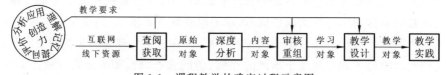

图 1-1　课程教学的确定过程示意图

根据图 1-1 所示过程,首先明确所准备内容的教学要求,这是评估与衡量的依据。然后,内容可以依据课程教学的数字媒体的不同处理阶段分为不同的类别:

(1) 原始对象。根据教学要求,通过互联网或线下查阅及其他方式获取的课程内容的数字内容素材。

（2）内容对象。对所搜集的课程内容的原始对象进行整合、评估等深度分析，得到以相关课程内容为主题的数字内容素材。

（3）学习对象。依据教学要求，从提问、记忆、理解、应用、分析、评价、创造力及教学目标等方面，对内容对象进行进一步审核，并结合学习、学习者、教与学等多因素重组课程内容的数字内容素材，以方便学习者学习，并达成学习目标。

（4）教学对象。依据教学要求、教学目标和产出，设计该学习对象的教学活动，使之很好地融合在本课程的整体教学中。然后，根据教学对象从事本内容的教学活动。

可见，数字内容结合具体的应用会呈现出不同的形式，也可有不同的分类。

根据当前的需求及社会的发展，数字内容主要包括电子游戏、电脑动画、数字视频及应用、移动内容、网络服务、数字内容软件和数字出版物等，如图1-2所示。

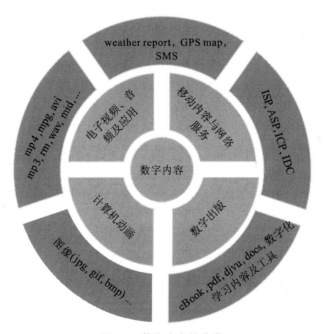

图 1-2　数字内容的分类

电子游戏：利用数字技术进行设计与开发，并通过数字化设备展示或运行的各种游戏，例如电子竞技类游戏、电脑游戏软件、游戏软件或大型手持游戏软件等。

电脑动画：通过使用计算机连续产生的图像，广泛应用于娱乐业或其他商业。

电子视频音频及应用:利用数字技术来捕获、传输、播放数字音视频内容,例如传统的视频数字化或数字音频的创新应用。

移动内容:利用移动数据通信网络提供内容和服务,例如短信、导航或地理信息等移动数据服务。

网络服务:提供互联网内容、连接、存储、传输、播放服务,例如互联网内容(ICP)、应用服务(ASP)、连接服务(ISP)、网络附加存储(IDC)。

数字内容软件:提供数字内容应用程序和平台所需服务的软件工具,例如内容工具、平台软件、内容应用、内容专业服务。

数字出版物:数字出版、电子图书、数字档案和新闻、数据、图像和其他电子数据库。

1.2　数字内容的共享

任何技术的发展都离不开社会的需求,都是为社会服务的。目前全世界网民的数量超过 38 亿,而其中至少有 30 亿人正在使用社交媒体,Web 2.0 已经使社交网络为世界不同位置的人们提供更好的信息共享;同时,信息、娱乐、生活转向数字环境,从有形到无形的内容分发、发布更直接。

在互联网上信息分享已经成为全球各国用户的日常活动,风靡世界的社交网络已经使得 DCs 更频繁、广泛地被上传、发布、下载和使用。下面,以微信和 Facebook 为例,走进共享的数字内容。

"微信,是一种生活方式"。在中国已经有超过 7 亿的用户使用的手机应用支持发送语音短信、视频、图片和文字,还可以群聊[10]。在微信中,可以应用微博、空间日志、LOFTER、朋友圈、快手、美拍、啪啪等小程序;通过微信中的内容链接可以访问微信读书、网易云音乐、豆瓣等,其信息的传递、共享和交流增进了人们的社交、彼此的情感;同时,微信所提供的大量应用程序(App),给人们带来了极大的方便。回归到微信的内容,总结微信中的信息形式如图1-3 所示。

在图 1-3 中,将微信中的信息分为单一内容、混合内容和内容链接,且这三种分类可以延展。

(1) 单一内容分为文本、图片、视频和音频,并可以延展。其中:①文本可以分为文字、一段话和文章,并可以延展;②图片分为单张图片、图片组,并可以延展;③视频分为直播、短视频,并可以延展;④音频分为音乐、声音,并可以

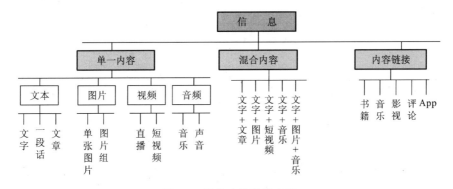

图 1-3　微信中的数字内容

注:横线两端都可以进行扩展,以适应新形式增加的需求。

延展。

(2) 混合内容包括:①文字＋文章;②文字＋图片;③文字＋短视频;④文字＋音乐;⑤文字＋图片＋音乐,并可以延展。

(3) 内容链接可以是书籍、音乐、影视、评论及不同的 App,并可以延展。

所以,数字内容已经融于微信的内容中。

Facebook 作为活跃的社交媒体,数字内容广泛融合于其中,为人们提供了丰富、形象、生动的交流信息。据在线社交网络 Social Bakers 调查,在 Facebook 上,人们更喜欢使用照片进行分享,照片比例远远高于文字描述、链接和共享视频。

此外,2017 年,通过对主要的数字内容市场进行统计分析,87％的用户共享内容是视频;预计到 2020 年,视频将占到所有在线互联网流量的 80％[11]。

人们的生活中已经越来越离不开数字内容技术。

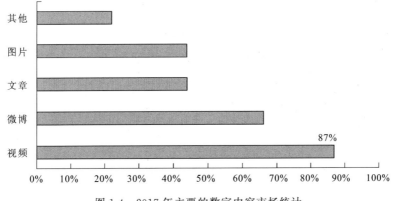

图 1-4　2017 年主要的数字内容市场统计

1.3　数字内容的发展及挑战

拥有这么多可以利用的数字内容,现在困扰着我们的并不是产生这些内容,而是如何表达它们。随着智能手机、平板电脑,以及电子阅读器的不断普及,消费者现在能通过多种方式来获取最新的作品,而不是像以前只能通过电脑获取。因此,在数字内容领域,内容的作者必须确定将数字内容呈献给消费者的最佳方式,也许是一本电子书,也许是一个应用程序,正确的选择取决于观众的需要。

一个企业选择怎样的方式去呈现数字内容,将会直接影响到公司的财务情况。例如,2011 年 2 月,谷歌宣布"谷歌一通"的计划之后,在数字内容领域引起了极大轰动,这个计划允许出版商通过谷歌现有的支付服务在网上出售自己的数字内容,"谷歌一通"在每笔交易中收取 10% 的手续费。和谷歌一样,苹果的订阅模式则收取数字内容交易的 30% 作为其手续费。由于这些不同的手续费的标准,内容创作者必须谨慎选择他们的交付模式[12]。

消费者对数字娱乐内容的需求是无止境的,目前已突破 2 200 亿美元。如今,企业必须让员工和客户以更加有意义的、简单的和社会的方式进行交流。这不是关于采用新工具的问题,而是关于改变你的工作方式的问题,在今天的数字时代商业转型是关于与人连接的问题。由此,将会引发以下问题。

(1) 如何改变内容设计,以满足不断变化的消费行为?

(2) 如何在广告内容中使用情感因素?

(3) 如何充分地应用社交媒体?

(4) 如何运用数据来了解你的客户?

(5) 如何设计有挑战的体验?

(6) 如何在多渠道中保持内容的相关性?

(7) 如何保持领先的物联网对数字内容分发的影响?

(8) 如何保持品牌忠诚度?

所以,如何理解和应用数字内容是需要解决的问题,当前还没有一个标准对其系统地表示。

2 本体及数据访问的基本概念

本体(ontology)是对异构数据集进行数据建模和集成的有用的工具[13-16]。本体的重要性已经广为人知,它主要用于数据表示和数据管理,为特定领域的问题确定所用词汇的集合,强调表示这个问题的术语的含义及术语之间的关系。例如,DCs 数据源于数字内容领域,可以通过研究数字内容领域对 DCs 的数据建模。所以,虽然 DCs 数据大多基于非结构化数据,但可以使用本体方法对其形式化建模、访问和存储[17]。

在了解了数字内容的概念以后,要对其进行更好地理解就必须回归到数字内容的根本,达到对数字内容的本体的认识,并对其进行相应操作或处理。下面,将从本体的定义、本体的表示、本体的存储,以及数据访问来展开本研究的一些基本概念与所需要的背景知识,最后引出本研究所面临的挑战。

2.1 本体的基本概念

2.1.1 本体定义

本体概念和本体语言一直都是人工智能(AI)领域和智能应用开发的一个重要研究领域[18,19]。

事物的本身,即本体,可理解为事物的根本。本体的概念起源于哲学领域,17 世纪由德国哲学家 R. Goclenius 首次使用;哲学领域的本体概念萌芽于苏格拉底提出的"始基"问题,柏拉图和亚里士多德奠定了它的雏形,最终成熟于中世纪经院哲学[20]。

人工智能学科继承自哲学,作为哲学领域的一部分,目的是分析现存事物之间的具有特定关系的各种模式。20 世纪 90 年代初 T. Gruber 描述了本体的基本定义,在 1998 年被 Guarino 扩展和加强[21]。到目前为止已经有很多关于本体的研究,但至今唯一一致的仍是 T. Gruber 给出的定义,即"本体是概念化的明确的规范说明"[22],其中:

　　（1）概念化（conceptualization），是指从客观世界的现象中抽象、形成概念的处理过程及表示，其表示的含义独立于具体的环境状态。本体通过用代表概念及其关系的一些符号表示的概念化方法来表示特定的知识。本体中的概念和关系可以由人类直观掌握，因为它们是对应于我们的心理模型的元素[23-25]。

　　（2）明确的（explicit），是指精确定义本体概念化中的概念及其关系，使机器可以访问它们。对于不明确的概念，虽然人们可以通过辨识后进行操作，但机器不能进行正确解析，更无从访问[26-28]。

　　（3）形式化（formal），指本体采用精确的数学描述，对于机器是可读的，即本体用一种知识表示语言表达、提供了精确的形式化语义。这确保了机器能根据本体领域知识的规范说明对本体进行访问与解析[29]。

　　（4）共享（share），反映本体所表示的知识是共同认可的，即它是被一个领域或组织所接受的，不是私有的[30]。

2.1.2　本体定义的逻辑解释

　　本体表示了领域内的概念集合及概念对之间的关系[31-35]，可对领域建模和支持概念间的推理。

　　本体共享以下两个属性（特征）：

　　（1）它反映一个特定主题的特定领域。

　　（2）它定义特定领域的一组项和它们之间的关系。

　　所以，本体可以定义一个特定域的术语和关系。如果本体可以没有任何逻辑错误地进行推理，那么，这种本体可以编码为机器理解的领域知识，特别是被计算机理解[36]。

　　利用以下公式可以在逻辑上定义本体为任何特定领域的一系列三元组。

$$O=(<C,\mu^c>:<R\leqslant,R^c>:<A>,<T>)$$

　　这个定义指出一个本体 O 被设定为 4 个不相交的元素 C、R、A 和 T，其中，C 为概念分类，R 为关系的标识符，T 为数据类型，A 为一组语义公理[37]，详述如下。

　　C 是类概念的集合，逻辑上可以表示为（"rdf：classes"）。集合假定是一个格，其中的每一对概念都有一个确定的最小上界和一个确定的最大下界，这个假设可以确保数学结构的合理性。概念以一种类到子类（class-to-subclass）的方式组织，包含一定的层次结构。

μ^c 是一个函数：$R \rightarrow C_n$，R 是关系（"rdfs：subClassOf"）概念的域中的 n 维数组，这意味着对于一个给定的集合，成员类 C_a 和类 C_b 都是给定的类函数 μ^c 的确定的数。如果对于一个确定类 C_a 和 C_b 的一个数包含在需要的类函数 μ^c 中，这将意味着：

$$\mu^c \subseteq C_a \times C_b$$

$\leqslant = (\leqslant C, \leqslant R)$ 是包含两个元素的偏序：$\leqslant C$ 和 $\leqslant R$。$\leqslant C$ 是一个概念层次结构或者分类，称为类 C 的偏序。$\leqslant R$ 是关系（"rdf：属性"）的层次结构，其中，$r_1 \leqslant R$；r_2 隐含。

$|\mu^c(r_1)| = |\mu^c(r_2)|$ 和域（$\mu^c(r_1)$）$\leqslant C$ 范围（$\mu^c(r_2)$）也被称为 R 上的偏序。

$$R_i \in R \quad 并且 \quad R_i C \times C$$

R^c 是以 "rdfs：subPropertyOf" 的关系形式描述的一个关系层次结构。

$$R^c \subseteq R \times R$$

其中，R^c：(R_1, R_2) 表示的 R_1 是 R_2 的一个子关系。

T 指的是一个概念实例的集合和实体（"rdf：type"）相关联的关系。"推理"的原则相当简单，即能够从已知的数据中推理导出新的数据。例如，在数学意义上，查询是推理的一种形式（能够从大量数据中推断出一些搜索结果）。

A 是公理的集合。A 中的每个公理是在概念对象之间的，概念、实例和关系的一个约束[38]。

2.1.3　本体的域

本体技术已经在某些科学模型的研究与设计中起着十分重要的作用，并且为研究者提供了很多好处。本体域通过确定给定领域的关键概念和本体描述语言（RDF / RDFs），为此领域提供了一个通用和共享的理解；它还提供了相应的编码知识和语义，这样机器便可以理解[39,40]。本体域是描述指定领域的一个特殊的技术，可以看成是对一个特定领域模型的一个超级函数。它经常会根据该领域的特点，用一种特殊的、折中的方法来表示概念；也可以表示为一个公共的对象模型，在该领域内通过概念范围被普遍适用[41]；或者使用包含术语和关联对象描述的核心词汇表描述该领域的数据。因此，本体域经常被限制为一个特定兴趣领域的知识。本体域的范围越窄，领域工程师就可以更多地专注于这个领域内公理的细节，而不是涵盖范围广泛的相关主题。以这种方式，可以对领域知识的明确规范进行模块化处理，也可以利用感兴趣的独立领域的本体来表示。

2.1.4　本体语言的选择

　　研究目标是根据 DCs 数据的特点,利用合适的本体语言以清楚的表达、语义和逻辑来描述 DCs 数据,例如 RDF/RDFS、OWL、本体描述语言 (ontology description language,ODL)和一阶逻辑 (first order logic,FOL)。

2.1.4.1　RDF / RDFS 语言

　　近十年来,RDF/RDFS、OWL、描述逻辑(DL)、FOL 和 XML 都是在本体中使用、用于表示本体的主要的和强有力的语言[42]。FOL 作为顶层语言在逻辑层表达本体数据,并在本体数据实体间提供推理机制[43]。RDF 是一种断言语言,旨在用精确正式的词汇表达命题,有些则指定使用 RDFS,例如万维网的使用和访问,并意在对具有相似目的更高级的断言语言提供一个基石[44]。RDF/RDFS 为本体建模提供了最基本的原语,实现表达能力和推理之间的平衡。它已经发展成为原语的一个稳定核心,可以很容易地进行扩展。事实上,像 OIL、DAML＋ OIL 和 OWL 等,这些语言重构和拓展了 RDF/RDFS 原语[45]。

　　像大多数语言一样,RDF 组件使用一个 Turtle 来表示本体概念。Turtle 是在资源描述框架模型中表示数据的一种框架,类似于 SPARQL。一个 RDF 数据集是语句的集合,称为三元组,每个三元组包括一个主体、谓词和一个客体 (S,P,O)。每个简单的三元组声明它的主体和客体之间的关系,每一个元素都被表示为一个 Web URI[46]。因此,三元组的一个集合可以表示为一个标记的有向图,节点代表的主体和客体,有向边代表谓词/断言。大多数时候,使用 SPARQL 在一个 RDF 三元组数据存储中查询和寻找节点[47]。W3C 推荐它为带有一个 RDF 文件的本体节点的标准查询语言,具有强大的图形模式功能及配套操作与措施[48,49]。

　　然而在实践中,RDF 数据通常保存在一个关系数据库或本地表示,被称为 RDF 三元存储或者四元存储,例如上下文(指定的图)也可以以 RDF 三元组保存。正如 RDFS 和 OWL 所描述的,人们可以利用 RDF 建立本体语言[50]。RDF 及其模式 RDFS 在 RDF 上定义了一种简洁的语言,包括类、类之间的关系、属性之间的关系,还有属性的域或者约束范围,它们都是根据 XML 语法编写的[51,52]。

2.1.4.2　Web 本体语言 OWL

OWL 是 W3C 推荐的一种语言,支持更复杂的语义。OWL 是最重要的本体语言,能确保应用程序的互操作性,它允许计算机理解网页的内容[53]。OWL 是 RDF 的一个词汇扩展,用于整个万维网本体的发布和共享。OWL 包括来自 DL 的元素,并提供了许多建设性的语义规范,包括连接和析取、存在和普遍量化的变量和入侵的属性等[54]。

发明 OWL 的主要目标是为处理信息的内容提供一个有用的工具,而不仅仅是向人类呈现信息[55,56]。与由 XML、RDF 和 RDFS 通过用一种正式的语义提供的额外的语法所提供的支持相比较[57,58],OWL 促进机器对网页内容有更大的可解释性。此外,基于 XML 的文件存储系统(xfss)是典型的,考虑在 XML 文件系统中关于 OWL 数据和存储信息层次结构的系统[59]。

2.1.4.3　正式本体语言

正式本体有助于领域专家模型的验证。本体的形式是指用机器可理解的语言建立一个本体,这种语言必须是基于逻辑的语言,例如,DL 和 FOL[60,61]。形式是必要的,用来消除非正式引用的模糊性。根据本体[62]形式的哲学思想,正式本体是指一个本体被带有专门正式语言的公理所定义,这个语言通常是基于语言的术语。这里本体的概念用关键字表达并且被影射成对象本体。

例如,可以用代数的方法来解决基于 OWL 语法的本体域,根据这种方法,本体 O 被定义为

$$O=(C,P,I,R,A,F)$$

其中,C 表示来自$\{C_1,C_2,\cdots,C_n\}$的类的集合,或者本体域内的概念。OWL 的类内有不同的特性。

给定子类(C_1,C_2),由 I 决定,如果$(C_1)^I\subseteq(C_2)^I$。

对于互斥的类,若两个或更多个类没有平等的关系,则互斥类$(C_1,\cdots,C_n)$被认为是互斥的。

等价类$(C_1,\cdots,C_n)$是等价的,当且仅当有两个或者更多的类具有相同的特征时。

表 2-1 提供了 OWL 类的独特特征及其条件规则。

表 2-1　OWL 类的属性及其条件规

公理	条件
(C_1,C_2) 的子类	$(C_1)^I \subseteq (C_2)^I$
$(C_1,\cdots,C_n)$ 的等价类	对于每个 $1 \leqslant j \leqslant n$ 和每个 $1 \leqslant k \leqslant n, C_j = C_k$
$(C_1,\cdots,C_n)$ 的互斥类	对于每个 $1 \leqslant j \leqslant n$ 和每个 $1 \leqslant k \leqslant n$ 并且 $j \neq k, C_j \cap C_k = \varnothing$

P 表示在一个给定的一组属性 P,例如 $\{P_1,P_2,P_3,\cdots,P_n\}$,和一个特定的关系属性的一个类或者概念之间的一个关系的集合。

I 是一个实例的集合,有时被称为个体概念。

R 表示约束的集合,这里每个属性都有在其值上的一组约束。根据本体的形式化限制,主要有两种约束:基数约束和值的约束。

A 代表一组公理,通常用于提供关于特定的类和属性的附加信息。

F 代表基于知识的领域的断言(或声明)的一个事实的集合[63]。

正式本体语言的目标是提供一个关于事实的无偏的领域独立观点,这需要本体领域以正确的方法进行建模,以减少本体领域的不一致性和避免本体细化过程中的错误。换句话说,本体错误也可以被定义为在大规模本体建模过中的本体论假设遇到的挑战或意外。

本体设计模型可以基于本体分类的质量和一致性分类,主要用于关系描述、公理和本体关系的实例。另外,正式本体使用正式定义的关系用最佳的方法正确地分类本体概念,这些关系是一些属性或者质量指标,在本体净化过程中可以被 API(Racer pro,Fact++,Apache Jena 等)推理所证实[64]。相比严格的分类系统或者分类,一个正式本体的特色在于它能被扩展,它对任何形式的概念信息,提供了一个合适的建模,并且提升了实例的分类能力。分类法代表一个域中数据的分类。分类法和本体之间的不同,关注两个重要的环境:本体具有更丰富的内部结构,因为它包含概念之间的关系和约束,并且本体是代表领域知识的一个确定的共识,正如上面提到的,本体可以被确定为一个正式的本体论。本体使用一些形式语言和自然语言处理领域、概念及其关系。用于处理形式本体最常用的语言有自然语言、一阶逻辑和本体描述语言等,这些语言用一种或其他的方式提供相关连接,代表了一种语言实现[65]。

2.1.5　媒体本体语言

本体语言是用于构造本体的正式语言,它可以被指定为一个用于编码本体的语言。本体语言编码感兴趣的特定领域的知识,通常包括支持知识处理的一个推理机制和规则。本体可以被描述和用作结构数据源的稳定概念模型，也可以与数据模型保持独立，它使所述的概念和关系在共享和独特定义的范围之内。

DCs 数据需要一个特定的、标准化的本体语言，这样它们就可以用相应的知识表现法被创建和表示。迄今为止，不同的本体语言已经被提出来表示多媒体数据。鉴于 Web 本体语言（OWL）在媒体数据中缺乏推理能力，多媒体 Web 本体语言（MOWL）作为 OWL 的一个新的扩展，与现有的基于知识的多媒体应用的本体语言具有不同的语义[66]。OWL 可以确保概念域的形式描述，但是不能表示所有的媒体。当 W3C 宣布媒体注释工作组（MAWG），他们想出了一个共同的目标，是提供标准化的媒体本体概念分类和 API，促进了在语义 Web 中相关媒体对象信息的跨社区的数据集成，例如视频、音频和图像[67-68]。MAWG 提出了一个属性集合，构成了新的多媒体方向，称为媒体本体 1.0。媒体本体 1.0 提供了一组最常见的语义注释属性，主要用于数字媒体数据[69]，其目标是为本体工程师提供多媒体内容描述的一个标准化集合，它和 FOAF 本体模型有相同的目的，并且成为了标准的规范语言。MPEG-7 和 MPEG-21 都可以表示媒体本体[70]，为各类多媒体信息提供一种标准化的描述。MPEG-7-to-MPEG-9 的目的，是提供基于内容属性的多媒体域的广泛标准描述，范围在低层特性和高层特性间变化，可以自动提取一个带有内容的场景中的细粒度语义描述。另外，MPEG-7 提供了多媒体文件中不同抽象层次的媒体特征的灵活属性描述，但它也有本体语言形式化语义描述的不足。中心概念是定义在 MPEG-7 中的媒体文件，描述所包含的多媒体内容的数字数据的特性。例如，一个数字图像可以用不同的分辨率存储（缩略图，全尺寸），用不同的格式编码（JPEG，TIFF，PNG，BMP），并且每个压缩算法可以有一组特定的参数[71]。

此外，多媒体本体语言（MOWL）通常被认为是媒体数据的一个核心本体表示语言，确保媒体领域的感知建模。它假定一个世界的因果模型，在那里观察到的媒体特征（文字、颜色、运动和大小）由基本概念引出。利用 MOWL，本体工程师可以将不同类型的媒体特性与不同的媒体格式和不同程度的抽象概念在一个域的封闭范围内联系起来。

媒体本体领域定义了通用的媒体特性和它们的关系，媒体本体通常用于与领域本体结合在应用程序上下文中解释多媒体数据。这些媒体数据涉及许多特性，包括它们的捕获、注释、编辑、创作、行为、大小、转移到其他应用的发布和分发的模式[72]。这些数据也包括移动的特点和实时媒体数据的运动，媒体数据唯一的困难是，提供当我们试图捕捉可以被观察到的媒体模式的证据以及其认定的概念[73]。然而,它可能通过本体语言如 OWL 将媒体属性和概念关联起来,但它的副作用是,OWL 并不隐含着因果模型,不支持相关的演绎推理。但这不是关于媒体本体的一个大问题,因为本体是太多丰富的语义描述所建立的,这个问题可以通过描述逻辑和一阶逻辑 FOL 明确指定域的语义来解决。

虽然媒体本体来源于数据域的一个大的集合,但是我们必须明确:应当选择什么样的区域、在什么环境下,可以应用正确的对象描述、属性构造和对象抉择作为基本的元素来建立 RDF 数据域。

2.2　本体的表示

本体是采用某种语言对概念化的描述。因此,本体依赖于所采用的语言,在具体的应用中,本体的表示方法可以多种多样(见表 2-2),按照表示和描述的形式化程度不同,可以分为四大类:

(1) 非形式化(highly informal),使用自然语言松散地表示。

(2) 半非形式化(semi-informal),是用一种受限制的和结构化的形式自然语言,可以大大增加所表示信息的清晰性,减少二义性。

(3) 半形式化(semi-formal),使用一种人工定义的语言。

(4) 严格形式化(rigorously formal),使用严格形式化的语义理论来定义语义的术语、定理及对诸如稳定性和完整性的证明。

表 2-2　本体表现形式的多样性

本体表现形式	说　　明
目录	词汇集,例如产品目录等
术语表	术语集,给出每个术语及其含义的自然语言描述,以及同义词和简写
辞典	对概念更详细地自然语言描述,词性和应用举例
非严格层次概念目录树	显示的但不严格的概念层次关系,例如雅虎分类目录树
严格层次概念目录树	严格的 is-a 关系
类-实例知识描述系统	分为类和实例两类概念,并提供实例和类间的关系形式化描述
框架知识描述系统	引入框架,添加了概念的属性信息
……	添加可以表述的其他规范

本体可以用自然语言来表述,也可以用框架、语义网络或逻辑语言等来描述,本体形式化程度越高,越有利于计算机进行自动处理。

目前使用最普遍的方法是 Ontolingua、F-Logic、Loom 等,它们都是基于一阶逻辑的表示语言,但有着各自不同的表达方式和计算属性。

Ontolingua 是一种基于知识的格式（knowledge interchange format, KIF）,提供统一的规范格式来构建本体的语言。Ontolingua 为构建和维护本体提供了统一的、计算机可处理的方式。由 Ontolingua 构造的本体可以很方便地转换到各种知识表示和推理系统中,使得对本体的维护与具体使用它的目标表示系统分离开来。可以把 Ontolingua 转换成 Prolog、CORBA 的 IDL、CLIPS、Loom、Epikit、Algernon 和标准的 KIF。目前,Ontolingua 主要是作为本体服务器上提供的、用于创建本体的语言。另外有不少项目使用 Ontolingua 作为实现本体的语言。

F-Logic(框架逻辑)是我们设计 OBSA 系统所使用的描述语言,将在后面详述。

Loom 是 Ontolingua 的描述语言,是一种基于一阶逻辑词的高级编程语言,属于描述逻辑体系。它具有以下特点:

（1）提供表达能力强、声明性的规范说明语言。

（2）提供强大的演绎推理能力。

（3）提供多种编程风格和知识库服务。

该语言后来发展成为 PowerLoom II 语言。PowerLoom 是 KIF 的变体,它是基于逻辑的、具备很强表达能力的描述语言,采用前后链规则(backward and forward chainer)作为其推理机制。

另外,有不少本体的表示语言是基于 XML 语法并用于语义 WEB 的,例如, OXL（本体 exchange language）、SHOE（simple HTML ontology extension 最初基于 HTML）、OML(ontology markup language)及由 W3C 工作组创建的 RDF(resource description framework)与 RDF Schema。还有建立在 RDF 与 RDF 之上的、较为完善的本体语言 OIL（ontology inference layer)和 DAML＋OIL,以及 OWL 语言等(见图 2-1)。

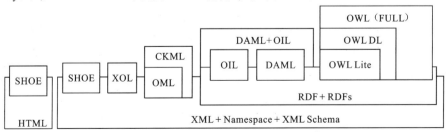

图 2-1　本体描述语言的层次

2.3 本体存储

2.3.1 本体的三元存储

本体有许多存储模型,本体文件中研究最多的模型是三元存储。本体数据的存储必须与本体域的性质相配合。有其他的存储模型在主题使用的基础上用于存储本体数据,也依赖三元存储的公共模型[74]。

三元存储分为三个主要类别,内存的、本地的和非内存非本地的。所有这些组织方式都是由它们在实现过程中的存储架构所决定的[75]。

2.3.1.1 内存的三元存储

内存的三元存储,通常用于存储 RDF 数据和系统内存中的所有内容。当我们打算存储大型数据集时,自然会想到用内存存储。然而,这种三元存储还可以执行特定的操作,例如,从远程站点缓存 RDF 数据或用于执行猜度。使用内存的三元存储的另一个影响是,由于存储的是一种高效的内置推理,所以可进行推理,并且可以解决持续 RDF 存储中的推理问题[76]。

2.3.1.2 本地的三元存储

本地的三元存储主要是一个的 RDF 三元存储,用它自己的内置数据库提供持久性存储,例如,艺术大师、博弈理论、布局、快板图(Virtuoso,Joeseki,Fuseki,Allegro-Graph)等。由于其优越的加载时间和最佳化 RDF 数据的能力[77],本地三元存储已经得到普及。

2.3.1.3 非内存非本地三元存储

非内存非本地三元存储在本体存储技术中正悄然普及。在最新和正在进行的 RDF 存储模型的研究中起着重要的作用。该技术建立在涉及第三方的数据库。例如 Jena SDB,可以和几乎所有的关系数据库如 MySQL,PostsgreSQL,Oracle 数据库[78-80]相关联。由于其在远程位置存储大数据集的能力,这种技术非常重要。

对于三元存储,人们关心的是,它可以被建模为一个框架来存储 RDF 数据并且还可以在 RDF 数据库中执行查询操作;同时,它能有提供一种机制用于持久存储和访问 RDF 图形数据库的能力[81]。

2.3.2 DCs 在 RDMS 中的存储

多年来,关系型数据库(rational database,RDB)一直是最流行的关系数据存储,因为它是由一个短的结构化查询语言——SQL 语言支持访问和它查询机制的标准化。SQL 语言包含和代表了一个简单、直观的语法和良好定义的结构,其中用户可以在短时间内变得精通[82]。考虑区别关系模型和本体存储模型,人们已经提出了几个和关系型数据库管理系统(rational database management system,RDBMS)相关的本体的存储模式,其中包括横向模式、横向类模式、属性建立表模式、垂直模式、分解模式、混合模式等[83]。

换句话说,这些本体存储系统存储本体数据文件时可通过上面提到的一个或多个存储模式。然而,这些系统没有考虑到本体存储模式的适用性。此外,对于大规模本体数据,空间效率低,推理和查询时间长,维护成本是不可测量的[84-86]。因此,本体存储应该根据本体自身的特点进行更具体和巧妙的模式设计,然后通过与关系数据库相结合使用[87]。基于本体数据,关系数据库有一个在同一存储库存储本体和它们的实例的能力,并且它提供了许多存储布局来存储本体和数据(垂直、水平、二进制等),其中每个代表都有其优点和局限性。

作为和普通的数据库的一个比较,例如,销售部门含有许多表和自连接查询的关系型数据库,因此本体数据库包含许多表,在查询中需要连接这些表;同时,大量的表之间的连接,会产生查询执行中的延迟[88-93]。

因此,本体查询语言,例如 RQL、RDQL、SPARQL、NoSQL、SQL[94-98] 及各种描述语言已经被提出用于语义 Web 环境,并且可用于通过关系数据库模型查询本体的数据。其中,SPARQL 已被 W3C 推荐,是最具代表性的描述语言,也是查询本体数据最优越的语言。此外,许多 Web 本体的存储系统已经在一个关系数据库的基础上被开发,用于高效的数据管理[99-103]。虽然使用关系数据库存储 DCs 本体数据有许多的好处,但在通过网络处理大数据和发送数据时仍存在不便之处。

2.4 数据内容访问

DCs 数据需要特殊考虑和管理存储、访问,以及在运作管理的其他方面的问题。根据数字内容数据的存储机制,这些数据很多存储在不同的位置或者用其他的词。可以说它们存储在数据库中,这取决于数据的独立性及DCs数据的性质。因为DCs数据在存储时一般具有很大的规模,会占更多的空间,因此,它总是需要一个大的存储介质和软件管理工具来利用访问和存储功能[104]。当处理更多的DCs数据时,对存储的需求和以前相比变得越来越虚拟,虽然许多新的存储技术的实用性已被更新,但其他技术在不断向前发展。现在计算机外部和内部的硬盘驱动器的容量有不同程度地增加,网络助手存储驱动器(NSA)和更多的存储技术,例如基于云的存储的出现,使得其中数据被保存到一个虚拟的云平台,允许从世界各地的远程位置上访问数据[105]。

DCs数据种类众多,有时被公认为非结构化数据;在RDBMS中DCs通常在数据库中的存储与结构化数据不同。当涉及数据管理时,这一趋势总是会带来困难。如果这些数字媒体作为一个结构化的数据存储在数据库中,会降低数据访问的性能,并且大多数时候会导致存储灾难。通常情况下用户数据大规模的产生和增加,每个用户在一天内产生的数据以百万兆字节甚至数百吉字节度量,高效的数据存储和访问方法在现代信息社会中是必要的。同时,为了存储DCs数据,数据库将始终需要硬件资源的扩张而非软件。鉴于在数据库中每秒存储必需的数量,多数大公司都正在遭受这些存储容量的问题,正在寻找其他的方法来解决[106-110]。

因此,媒体数据与本体技术的关联允许将文件分配给上面提到的情况之一,而数据库本身,使用媒体URI从本体构造中分配的媒体数据存储的位置。对本体专家来说,把媒体文件作为一个对象的URI是常见和简单的一个任务,媒体文件可以作为类实例的URI被检索和获取。这种情况下,类似的媒体文件,例如,视频内容、音频和文本内容(图书和数字手稿)、地图等,根据提出的存储架构模型(Oracle NoSQL数据库),使用的是关键值存储模式,同时媒体数据的存储模式是基于本体文件,而不是媒体文件本身[111-115]。

DCs发展引人注目,广泛应用于人们的工作和生活中,所以需要更好地懂得数字内容,理解数字内容。

结合数字内容本身及其应用,数字内容在内容表示、存储、访问、查询、管理等方面仍然存在着诸多难题,例如,尚未找到正确的数字内容数据的形式化方法,难以从数字内容对象中抽象出概念领域,以及缺乏能表现数字内容领域的逻辑表示方法,缺乏为 DCs 数据提供高质量服务的、有效且适合的存储、访问和查询模型[116-121]。

2.4.1　数字内容数据的属性

就物理结构、存储及如何把它作为一个普通的数据存储在数据库中来访问而言,第一个挑战是关于数据(数字媒体)的性质,主要问题如下。

(1) 结构和数字媒体的复杂性:问题在于要对 DCs 领域的方式进行表示。例如,它是简单的概念的静态域,而不是数据的动态域名,通常处理事件和运动的概念,如视频、音频类的概念。

(2) 数字媒体数据的类和关系概念的识别领域的词汇,以及形式化的表示是难题和复杂的概念。

(3) 由于数字媒体数据的存在性和现实性,在本体编辑器(本体论工具)的环境下,考虑到这些媒体的本体是动态数据而不是静态数据,所以对于它们的管理和建模变得尤为困难[122]。

2.4.2　数据库的选择

关于数字内容存储的介质的选择,虽然现在的研究是用 Oracle NoSQL 数据库存储数据,但也遇到了如下的一些问题[123-128]。

(1) 一种基于本体的 DCs 的主要障碍是,该模式依赖的是键值存储架构的数据库,因此使用 SPARQL 来查询 Oracle NoSQL 数据库时,就会出现一系列的挑战。

(2) 本体文件如 OWL 和 RDF/RDFS,在 Oracle NoSQL 数据库文件中不能 100% 有效地处理,这是由于其支持 RDFS 作为数据库模型的 Oracle 数据库在数据库管理系统的不足导致的。

2.4.3　数字内容的访问和查询机制

大多数的 RDF 查询语言被设计用来查询简单的三重存储,而且在数据和架构信息之间并没有确定的功能和语义来区分它们。

(1) 由于访问或存储具有大量空白数据的系统本体文件的复杂性,造成了访问本体文件的复杂性的问题。当创建一个有效的查询模型,并在本体库中的空白节点访问的时候,问题就出现了。

(2) 缺乏正确的本体数据的关系存储模型,它可以建立在用户管理政策的基础上,对于存储在数据库中的数字内容的数据提供直接的支持访问和管理本体数据。

查询处理与优化技术和其他重要的数据管理设施,例如,并发控制和恢复控制,这是常见的关系型数据库管理系统,但是在 RDF 引擎中却不能使用。

本书并不建立 DCs 本体模型,而是提供一种令人信服的表示及构建 DCs 领域的方法。其贡献在于构造了一组能够阐明 DCs 领域基本知识结构的概念,并提出一种基于本体的 DCs 的表示、存储、访问和查询方法。

3　基于本体的数字内容数据的形式化表示

　　本章首先给出基于本体的 DCs（ontology-based digital contents, OntoBDCs）领域的形式化定义,该定义为 DCs 数据表示提供基础,也为通过媒体分割技术（media segmentation, MSegT）提取数字内容领域的概念和术语提供了基础。媒体分割技术可用于表示基于概念分类的领域本体的 DCs 数据,即 MSegT 使用分割技术从媒体对象中提取相关信息,并用 OWL 和 RDF 等形式化的本体语言进行描述。DCs 本体领域使用 MSegT 来识别媒体对象中表示媒体数据语义的隐含特性。为了对 DCs 数据进行方便、有效的管理,将其分为动态模式和静态模式。动态模式是指 DCs 数据中表示事件状态和运动特征场景的数据;静态模式是指仅用都柏林（Dublin）核心元素表示的 DCs 概念域的媒体对象的一般特征,例如数据类型、格式、大小、描述信息、作者、出版者等。在此基础上,先采用 MSegT 对 DCs 数据的形式表示进行分类,然后使用 OWL-DL 和 DCs 描述逻辑（DCs describe logic, DCsDL）的形式化语言表示推理引擎中的 DCs 领域,并在推理层中添加了丰富的逻辑表达。最后,利用经 MSegT 处理后的序列化的 RDF/OWL 文件格式表示 DCs 数据,这些存储的 DCs 本体文件能够发布到 Web 上,进行查询。

3.1　数字内容本体的结构

　　领域本体是对指定领域实体概念和相互关系,以及该领域所具有的特性和规律的一种形式化描述。从技术上讲,领域本体是明确地指定研究领域的核心内容,这些内容可以用不同的方式来表示,但构建领域本体的基本结构一般是保持不变的。

　　DCs 领域的结构涉及许多内容,包括 DCs 领域中的词汇、上下文和术语的识别。它定义和解释了类的概念、属性和实例,同时,还建立了规则和类实例之间的关系。DCs 领域的范围继承了本体模型的类型,本体模型为本体的开发提供了设计好的结构和过程。DCs 本体构筑过程如图 3-1 所示。

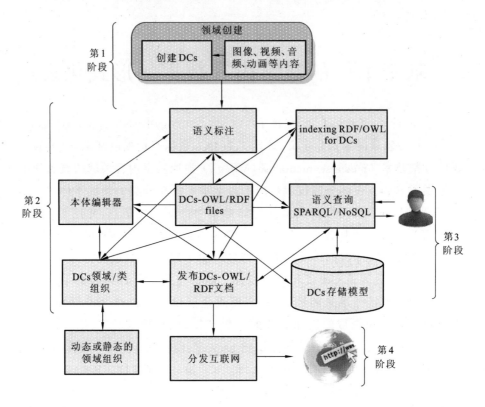

图 3-1　DCs 本体构筑过程

　　第 1 阶段是构建 DCs 领域,它是 DCs 本体构筑过程的一个重要阶段。针对大量不同的 DCs,研发人员必须集思广益,发掘和利用概念和词汇来构造或创建 DCs 领域。它需要指导并确认 DCs 领域的范围(例如,明确该领域是静态还是动态的),识别 DCs 本体中所有重要的术语,定义类概念的分层树和类的属性,这些定义将被用于表示 DCs 领域中的概念和属性。

　　DCs 领域构筑的第 2 阶段对于建立 DCs 本体领域非常重要,通过建立的动态或静态的领域组织,建立 DCs 领域,并通过本体编辑器对第 1 阶段的 DCs 进行语义标注,形成 DCs-OWL 或 RDF 形式的文件,其细致的描述如图 3-2 所示。它包括 DCs 数据的描述及推理引擎所涉及的不同的活动,例如,允许开发者应用本体结构及知识对 DCs 本体进行描述,同时还包括本体编辑工具和本体推理工具等的使用,例如 protégé、逻辑理论和规则的定义等。

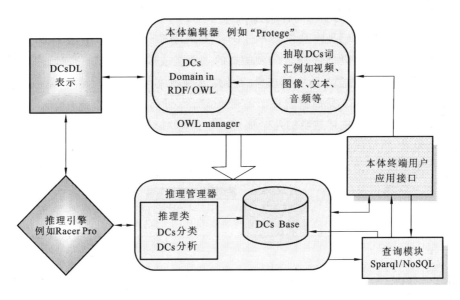

图 3-2 DCs 本体构筑模型的第 2 阶段

在这个阶段完成如下工作。

第一,用不同的形式和方法对 DCs 本体数据进行表示与测试,以更好地保证 DCs 本体数据的一致性,增加 DCs 本体数据的有效性。

第二,根据 DCs 的属性、领域的独特性、类及其实例等因素,把 DCs 数据划分为不同的类。

第三,确定 DCs 本体模型,允许研发人员创建对 DCs 数据的推理机制,并可以通过使用 RacerPro、Fact++、Jena 等推理 API 来验证 DCs 本体数据的正确性。

当 DCs 本体模型能准确地运行时,就可以认为构建 DCs 领域本体工作已经完成。因此,所得到的 DCs 本体模型可以通过使用本体图等本体 API 来进行分析。最后,提供对 DCs 本体数据的存储和查询操作。

如何根据研究领域规范来分类和组织 DCs 数据是构造 DCs 领域第 2 阶段的一个难点。一般地,根据研究领域数据的性质,DCs 数据可依据数据存在的物理状态划分为动态模式或静态模式。在知识获取过程中,这种 DCs 领域的分类方法增加了特定的复杂度,例如,当 DCs 同时具有动态模式和静态模式的特点时,何时及如何细分这个 DCs 依旧很难确定。显然,静态模式类别是领域分类的一种普通模式,虽然保存了 DCs 数据的外部行为数据,但不同于动态模式,动态模式会根据实时事件的活动而不断进行改变。因此,DCs

数据的本体领域经历了从本体创建到实施阶段的不同过程,在本体创建中,概念、关系和关系实例是涉及任何本体的主要组成部分。下面,给出 DCs 分类的核心概念,这些概念是 DCs 领域构造的主要组成成分。

(1) DCs 类概念。DCs 领域概念可称为类或术语,无论所选领域是静态的还是动态的,DCs 类都把通用节点映射到语义网,或映射为独立的一阶逻辑谓词,或映射为描述逻辑的两个概念。DCs 领域概念或者类是领域的基本抽象要素/组成成分。一般来说,这个类表示了许多成员拥有的一组共同的属性。换句话说,使用 RDF 图的层次模型表示 DCs 领域中的类,RDF 图表示了与 DCs 领域相关的本体分类及其分类视图。

(2) DCs 关联。DCs 关联可以定义为一个本体元素,表示概念之间的联系,指定两个在特殊关系中的类,其中一个类用领域来描述,另一个用范围来描述。

(3) DCs 实例。DCs 实例表示了本体概念和联系之间的关系,其实际值或映射为单独的节点,或映射为逻辑上的两个常量。它们表示在 DCs 领域中指定的或可识别的具体对象。

(4) DCs 公理。在 DCs 领域中,为表示类和实例取值的某些约束,根据概念分类的限定个体被称作 DCs 公理。为了表示这些约束,研究人员已经开发了一阶逻辑 FOL 等基于逻辑的语言,这些语言可以验证本体结构的一致性。

在本书中还使用一些重要的同义词,具体如下:

(1) DCs 词汇。将 RDF 图的词汇定义为 RDF 图中的全体 URI 资源和文字的集合,在本书中,RDF 词汇标记为 $\Phi_{RDF\text{-}g}(V_{var})$。

注意:在 DCs 领域中,使用两种方式定义 DCs 词汇,一种是使用人们可以理解的方式,另一种则使用 RDF 模式来定义。

(2) DCs 领域的 RDF 描述。它是指 DCs 领域中由主体–谓词–客体(subject-predicate-object)三元组的集合,用 $\Phi_{RDF\text{-}t}$ 来表示。

(3) RDF 图。在 DCs 领域中,RDF 图被定义为一个三元组的集合,是本体领域的主干,用 $\Phi_{RDF\text{-}g}$ 表示。

(4) RDF 数据。RDF 数据表示 DCs 领域中每个个体对象的 DCs 数据,可用一个 RDF 图来表示,或用 DCs 领域中的一组 RDF 图来表示。

3.1.1　DCs 的本体结构

对于 DCs 数据,需要用合适的方法去表示 DCs 领域及应用,以便更好地利用 DCs 领域中的本体数据。DCs 领域能够明确地定义词汇术语和 DCs 的关系序列,DCs 本体数据需要一个明确和形式化表达的语言来表示 DCs 领域中大量的类概念,并且可用于本体推理,同时也能够帮助识别 DCs 本体。在本体数据的表示中,通常使用不同的方法表示元数据。本书中,使用 DCsDL来定义 DCs 数据的逻辑推理机制,并使用标准的本体模型描述语言 FOL 和RDF/OWL 解析 DCs 领域数据的逻辑含义。此外,利用 DCsDL 和推理 API为 DCs 本体数据创建推理空间,根据 DCs 推理引擎对 DCs 数据进行正确地解析、分解和分类等处理。

3.1.2 数字内容分片段技术

3.1.2.1 数字图像

本研究使用基于区域的方法及图像的颜色、文本标注和物理性质来分割数字图像。基于区域分割的方法使用区域的均匀性作为衡量标准,根据每个区域如何更好地实现均匀性准则来分割和合并。大体可以分为两类,一个是基于模型的自顶而下的方法,另一个是基于视觉特征自底而上的方法。相比之下,其他方法通常使用成对区域进行对比,而不是将均匀性准则应用于每一个独立的区域。本书把分割技术与从数字图像中提取的图像标注过程相结合,来区分图像领域的事件特征。

图像标注过程是非常有意义的过程,可以通过使用有意义的词汇对图像创建语义描述,方便对数据库中大量图像的数据集合进行索引、获取和理解;此外,MSegT 中阈值分割是广泛采用的一种技术,它适用于目标或背景的灰度比较单一,而且一般总能得到封闭且连通区域的边界。使用了两个不同的步骤来确定彩色图像的分割:一个是预分割,即仅使用颜色信息确定图像最初的分割;另一个是基于句法的分割,定义一个断言来确定基于颜色和图像标注的连通分支的节点的集合。与颜色与纹理标注描述类似,本书中也采用图像中目标对象外形的物理特性作为重要的分割技术以获取图像对象的隐含节点。此外,从媒体对象抽取每个简单对象的分类识别与表示中,目标对象的外形描述也扮演着重要的作用。

为了完整表示图像内容,每个图像必须被分割成一些不同的区域,从每个区域中提取有用的特征,并用这些特征对该图像进行分类。

3.1.2.2　数字视频

虽然视频序列的运动描述通过引入时间维度能为视频内容提供更强有力的线索,但是这种描述方法需要处理大量信息,通常代价很大。根据研究内容及需求,基于 Dublin 核心元素,不仅利用数字视频领域的事件特性和媒体内容的外在行为来分类数字视频,而且利用本体来表示不同对象的交互或者对象与环境的交互。所以,使用语义本体简要描述在场景中发生的事件。对现有事件最简单的描述就是主体和谓词的结合:主体表示事件中的主要研究对象;谓词通常是一个动词,表示事件中发生了什么。一个详细的描述还可以通过对发生事件添加客体、时间和地点等信息进行语义加工。此外,事件的目的和结构也可以加入到对事件的描述中。

3.1.2.3　数字音频

数字音频的特征是擅长表征信号的声学特性,可以返回一个和纹理特征结合的描述,或者更好的是返回一个和信号的节奏特征结合的描述。另外,一个更为普遍的方法是根据所确定的音乐的某些本质特征(例如,节奏、旋律、音色、和声、结构),通过合并音频内容的高水平的语义描述,对音频内容成功地进行表征。本书使用 Dublin 核心元素对数字音频领域的外部行为进行分类。

3.1.3　数字内容本体模型

由于本研究的要求和限制,DCs 本体模型的开发远不仅限于这个主题,但是我们关注的是,这个研究证明了一些有用的本体模型,这些本体模型对于研究目标是非常有效的。就像用一种自然方法对任何存在于真实世界的实体进行分类一样,本体模型对真实实体的知识发现和组织,并采用表示类的分层模型的物理框架进行表示,使用分层分类来表达和显示 DCs 本体域的组织。虽然打算展示出满足所有研究需求的最佳 DCs 本体框架,但事实上,并不是所有本体数据的分层分类方法的信息都可以简单地用图表形式进行可视化表示,在 DCs 本体框架特性中依然存在一些无法显示的技术问题,例如一些规则、复杂的公理和一些概念的约束。所以,虽然 DCs 本体领域可以用合适的本体语言通过语言术语的描述性和逻辑性来表示,依赖于一个区分事件和对象的适当工具,但二者都不足以描述媒体实体的特定事件模式。

本书中将 DCs 数据分为两个特征：表示 DCs 数据外部行为的外在特征，以及 DCs 数据内部行为的内容特征。根据这两个特征，利用 MSegT 方法来构造本体结构。DCs 数据的内容通常用两种模式来表示，一种是静态本体模式，另一种是动态本体模式。图 3-3 表示了 DCs 领域的特征，无论是静态特征还是动态特征，都可以用对象特性或事件特性来表示。

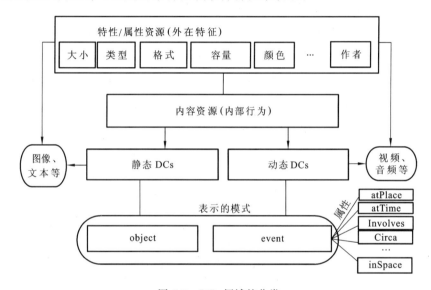

图 3-3　DCs 领域的分类

正常情况下，DCs 的大小、文件类型、格式和颜色分类等信息可以通过静态 DCs 和动态 DCs 表示；另一方面，DCs 数据的行为依赖于领域分类，如果内容被划分为动态 DCs，那么它在物理表达和逻辑表示的形式上则不同于静态 DCs。

尽管静态 DCs 和动态 DCs 行为的两个概念仅取决于媒体数据本身，但是动态模式能够用两种方式来表示，分别是效率分类和概念领域的组织。例如，图 3-4 将 DCs 领域作为一个单独的模式进行分类和组织，DCs 拥有静态和动态领域；从分类的抽象层次来看，它表示了 DCs 概念领域的分层模式。

为了理解每个概念的内在行为，首先需要确定理解每个领域中 DCs 数据的行为。需要表示 DCs 的内部行为，而不是物理行为（外部行为），这是为了正确区分 DCs 的静态和动态领域；同时，我们用本体模式对其进行表达。

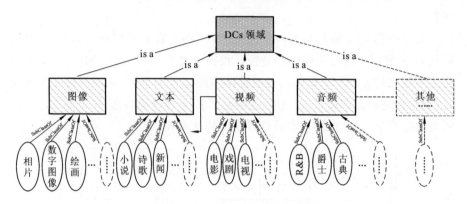

图 3-4　DCs 领域的本体模型

此外,在事件发生的过程中,媒体对象的静态特征在事件过程不会总是符合或遵循某种经验规律,并且其动态特征在整个事件中会发生改变。尽管这种改变经常是突发的,但是我们依旧希望这种变化能够基于事件而发生。

3.2　基于本体的数字内容数据的形式化表示

本书预先确定使用 OWL 和 RDFs 作为形式化 DCs 本体数据的语言。一般来说,OWL 是基于逻辑形式主义的,以逻辑模式的形式定义了 DCs 本体数据。从 DCs 本体数据的语义描述中可以看出,本书使用了 OWL 和 RDF 语言来表示 DCs 本体数据的领域,而 DCsDL 和 OWL-DL 主要用于表示 DCs 领域的逻辑推理,同时在推理引擎的推理层对 DCs 数据进行推理。它是一个表示逻辑理论公理的逻辑公式的交集,也可以验证这些公理是否是一致的或是逻辑衍生的。所以,本体的这些形式摆脱了句法或附加的图形和歧义,反映了纯粹的领域知识的表征。

如果把多媒体词典的 DCs 本体领域和概念用关键词表示,并映射为对象本体,那么可能在每一个分割阶段,事件和场景本体的表示都存在一些困难。所以处理 DCs 数据的形式化表示可以使用 MSegT 来鉴别 DCs 领域的每一个模式。在 DCs 领域中,语言学术语适用于区分事件和对象类,将它们用于描述媒体内容分析的低水平特征及其特征之间的关系是一个挑战。

3.2.1　数字内容数据的形式化条件

针对 DCs 本体数据的形式化表示，MSegT 和 RDF-DLG 两种技术可以用于从 DCs 领域中提取媒体概念，而 DCsDL 和 OWL-DL 可以在推理引擎中进行表示。媒体对象领域中的每一个实体都可以用语义关键字来表示，实例可以映射为对象本体或者事件本体来表示 DCs 本体的结果。用 MSegT 方法去获取媒体内容、关系属性和创建 DCs 概念领域的实例更具有价值。MSegT 使用了以下技术从媒体数据中抽取隐藏的节点。

3.2.1.1　基于颜色的分割

基于颜色的分割是用于区分在静态本体和动态本体中不同实体的常用方法。目前 MPEG-7 的版本包括一些直方图描述符，这些直方图描述符能够获取合理精度的颜色分布，用来进行图像搜索和检索应用。然而，还需要考虑一些维度，例如颜色空间、主导颜色、平均颜色和最弱颜色的选择。

在 DCs 对象中，使用少量的颜色足以表征基于捕获事件的颜色信息特征。主色描述符（dominant color descriptor，DCD）指定了 DCs 对象的主导颜色的颜色集合。换句话说，主色的选择即对于在媒体对象中出现的每一个块，都会选出一个主色。然后使用主色描述符或平均颜色，把其他所有块的颜色转换成一系列的系数值。

3.2.1.2　基于区域的分割

基于区域的分割（region based segmentations，RbS）是一个将媒体对象分割成多个区域的过程。在大多数情况下，RbS 用于对与一个对象或一个对象不同部分相对应的基于主体事件的媒体对象进行解释。此外，RbS 提供的区域具有以下属性集合：

（1）连通性和紧凑性。

（2）边界规则。

（3）颜色和纹理的均匀性。

（4）邻近区域的区别。

因此，RbS 通常用于确定媒体对象的定位和边缘。为了正确解释主体事件，每个媒体对象应该根据对象或对象的部分进行划分。在固定摄像机拍摄的特定事件的视频数据中,有多种视觉实体需要注意。

　　对于动态场景来说,区域的不同属性和移动对象应该被当成事件实体。场景的语义事件分析是基于相关概念组和它们之间的关系的。因此,必须用统一的方式来定义和创建事件实体和这些概念。图 3-5 提供了一个非常好的方法对穿过平坦柏油路的移动车辆的媒体对象进行分割。

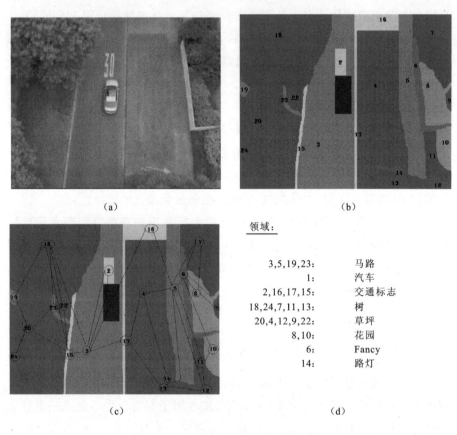

领域:

3,5,19,23:	马路
1:	汽车
2,16,17,15:	交通标志
18,24,7,11,13:	树
20,4,12,9,22:	草坪
8,10:	花园
6:	Fancy
14:	路灯

图 3-5　RbS 关系和运动车辆事件分析

　　在图 3-5 中,使用 24 个节点表示 24 个区域(b 图),c 图是指这些区域的相邻关系,d 图是划分区域的说明。使用 RbS 图来突出显示某些节点和边,每个区域由彩色节点表示。同时,除了具有相同的描述范围的对象,媒体对象中的相同模式都用唯一的颜色表示。因此,图 3-5 中的分割对象通过近邻方法进行连接,以确定分层的 RbS 图。

　　此外,为了表示运动对象的运动状态,应该选择一个合适的、能突出概念的谓词。这里的主要问题是如何确定相关的属性,换句话说,即要通过相关属性将数据和这个概念联系起来。例如,为了获取时间尺度中变化事件显示的整个语义信息,可以设置事件的时间尺度规模为 2 s;之后,在要求的时间尺度规模内,可以使用这个属性来处理基于捕获事件的语义图。为了将所有相关概念形成统一的结构,首先应该对媒体对象进行分类,然后形成几个区域。

令 ∂R 表示媒体对象的区域,若将 ∂R 分割成若干子区域,$\partial R_1,\partial R_2,\cdots,\partial R_i,\cdots,\partial R_n$,其中($i\in N$,且 $i\in[1,n]$),则:

(1) $\partial R = \sum_{i=1}^{n}\partial R_i$

(2) ∂R 是一个连通区域;

(3) $\partial R_i \cap \partial R_j = \varphi$,其中 $j\in N$,且 $j\in[1,n],i\neq j$;

(4) $P(\partial R_i)=\text{true}$;

(5) $P(\partial R_i+\partial R_j)=\text{false}$,其中 $j\in N$,且 $j\in[1,n],i\neq j$。

基于运动对象(例如交通场景、运动车辆、人类活动)的事件分类可以用常见的相关动词词汇(表示运动和趋向动词)来表示。

运动车辆事件的类型可以划分为"运动(move)""停留(stand)""暂停(halt)""停止(stop)""启动(startup)";运动方向包括"直走(go straight)""左/右转(turn left/turn right)""返回(return)""转圈(go round)"等。表 3-1 列出了表示运动车辆动态事件的词汇类。

表 3-1　移动车辆事件分析的动词

类	动词	备注
车辆	启动,到达,离开,经过,停止,反转,折回等	运动
树,草地,花园,交通标志,交通灯,花式	尺寸(大、小),分布(稀疏的、稠密的),位置(前、后、左、右),颜色(红、蓝、白、绿等)	非运动
人	运动(走、跑),静止,转身(左转、右转、后转),折回等	运动
交互	跟随,平行,迎面,交叉,靠近,超越等	运动
事件中的运动	到达,离开,通过,进入,出来,沿着,停止	运动

RbS 的目的在于将媒体对象的表示简化为有意义且易于分析的内容。

通过使用 RbS 方法,我们可以获取变化区域中具体事件的各种语义表示。

这种明确定义的 RbS 在动态场景中可以满足视觉监控的更复杂的要求。

3.2.1.3　以人为本的内容分割

以人为本的内容分割(the human content-based image classification, HbS)旨在基于自动导出的图像特征对来自大图像数据库的相关图像进行有效地分类。这些图像特征通常是由人对媒体数据进行解释,并且可以用于对媒体数据(视频,音频,图像等)进行分类。HbS 方法取决于人们根据形状、纹理、颜色属性和声音对媒体数据进行分类的能力。然而,这种技术并不总是关注媒体数据中表示的事件或场景,而是关注媒体对象所具有的物理结构。图 3-6 概述了用于从媒体对象识别媒体实体的 HbS 方法。

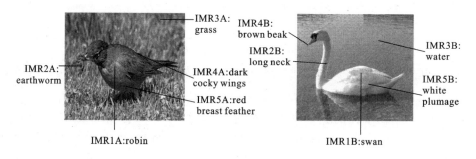

图 3-6　采用 HbS 对象类识别的图像内容

表 3-2 和表 3-3 表示了媒体实体的所有信息,这些媒体实体可以通过使用 MSegT 从媒体对象中获取;它表示了所有可能的类、关系和图 3-6 中从媒体对象中提取的个别对象。

表 3-2　IMRA 的媒体对象的表示

序号	类	关系	实例
1	robin	has wings	dark curry
2	robin	eats	earthworms
3	robin	plays on	grass
4	robin	has chest	red
...	...	...	...
m	dark curry	is-a	color

表 3-3　IMRB 媒体对象的表示

序号	类	关系	实例
1	swan	has plumage	white
2	swan	has beak	brown
3	swan	stay on	water
4	white	is-a	color
...	...	...	...
n	long	is-a	length

从媒体对象中提取媒体实体后,可以通过使用 DLG 对这些实体进行形式化的表示。DLG 定义了媒体实体,并用 RDF 图的形式表示它们,如图 3-7 所示。

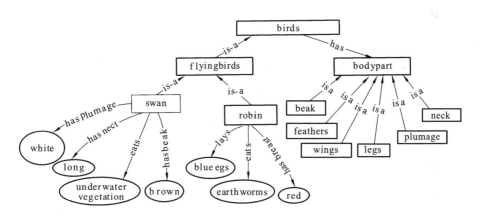

图 3-7　鸟论域的 RDF 图模型

为了以 RDF 图的形式定义图 3-7,利用 5 个原则确定媒体本体概念,这些概念包含逻辑推理和语义表达,具体如下。

(1) 将 DCs 实体链接到用作元数据标准值的本体类,层次关系用作查询扩展机制。

(2) 利用 MSegT,通过将媒体内容分割成区域和颜色分类等方法,确定媒体对象的实际事件。从图 3-6 中可以看出,图像域 IMR1A-Robin 和 IMR2A-earthworm 能够共同完成一个 RDF 描述:"IMR1A eats IMR2A"就表示了"robin-Eats-earthworm"。

(3) 用 RDF 图组织 DCs 数据,从而确定一个 RDF 实例的三元组集合,用

DLG 来表示。如果 Φ_{RDF-t} 是一个三元组形式 $\{<S,P,O>\}$ 的集合,那么对于给定的 RDF 图,每一个 RDF 实例都是 RDF 三元组形式的组成部分。

(4) 任何一个从 DLG 中推导出的子图都是 Φ_{RDF-t} 的子集,这个原则可以用下面的方法来证明。其中,V_{uri} 是一组 URIs 和 $V_{literal}$ 值,Φ_{RDF-g} 表示 RDF 图。

if　　　$\Phi_{RDF-DLG} V_{uri}, V_{literal} := \{\Phi_{RDF-t}\}$ and $\Phi_{RDF-t} \equiv \Phi_{RDF-g}$,

then　　　$\Phi_{RDF-g} \subseteq \{V_{uri}, V_{literal}\}$

用 URI 来表示本体数据模型的类概念、关系和实例。因为通过使用 URI 作为一个节点和弧可以形式化的表示 $\Phi_{RDF-DLG}$,主体 S 或类的类型可以表示为 URI 的描述式,例如 Class $= \{C_i \mid URI_i rdf: type owl: Class \in O\}$;谓词 P 表示为 $\{<URI_i rdf: type owl: ObjectProperty> \in O, <URI_i rdf: type owl: DataTypeProperty> \in O\}$;URI 的实例 I 表示为 $\{O_i \mid URI_i / \in C$ and $URI_i / \in P\}$。

一个类 C、属性 P 和实例 I 用 URI 来表示。一个类使用一个对象去形成合适的描述 rdf: type,或者使用 owl: ObjectProperties 去表示对象属性,owl: DataTypePropeties 将每一个特殊对象变量限定为数据格式中的特殊类型,例如字符串类型 xsd: string,整型 xsd: integer,浮点型 xsd: float,日期时间类型 xsd: dateandtime,日期型 xsd: date 等。

3.2.2　使用 RDF 图的数字内容形式化表示

表示 DCs 本体领域可以使用不同的本体语言,仅取决于工程领域的要求。例如,使用一个标准的模型对数字视频内容的事件进行描述是可能的,一个事件可以用 RDF 的分层组合模型来表示,RDF 的分层组合模型定义了对象运动的时间关系。使用分类模型来显示本体领域表示的可能性是一个非常好的例子,但在某种程度上,不仅需要显示 DCs 本体领域的方法,而且需要使用特定的本体语言去支持领域。因此,为了使用 DCs 本体模型来表示某些知识领域,应该选择某些语言去支持这个思想体系和方法,这个思想体系和方法是基于选择表示 DCs 本体和 DCs 数据特性的方法,也包括使用的 DCs 数据。

怎样使用本体模型来表示基于事件实体的 DCs 数据是我们面临的一个主要问题;此外,两种通用的本体语言 OWL 和 RDF/RDFs 支持 DCs 数据到什么程度,也是我们面临的问题。这两个问题都是合理的,而且是需要合理解决的。以下的部分,通过使用逻辑和形式化技术,检测本体语言对定义 DCs 领域的核心技术术语的影响,而且对于 RDF/RDFs 和 OWL 是否能支持 DCs 数据表示的解决方法也进行了充分地分析。

3.2.2.1　DCs 领域中 RDF 图的定义

由于 RDF 总是被当成是一种表示任何指定兴趣域的本体模型的形式化方法,所以在大多数情况下,都会使用 RDF 图模型来对本体模型进行可视化的表示。为了强调基于 DCs 本体数据的 RDF 图的影响,可以声明:如果有任何一个特殊的 RDF 图模型表示 $\Phi_{RDF\text{-}g}$,$\Phi_{RDF\text{-}g}$ 就是一对由边和点形式化表示的图模型。

$$\Phi_{RDF\text{-}g} = (N_{node}, E_{edge}) \tag{3-1}$$

其中:N_{node} 是 RDF 模型所有节点的一组元素;E_{edge} 是边的无序对的一个集合,表示为 $\{V_{uri}, V_{var}\}$,$V_{uri} \in N_{node}$ 且 $V_{var} \in N_{node}$。这就意味着 V_{uri} 和 V_{var} 是 RDF 节点的子集和成员。例如,如果两个边 e_1 和 e_2 共享一个节点 ($e_1 \cap e_2 \neq \varnothing$),那么这两个边就叫做事件,一个节点的度就是射入这个节点的边的数量。

现在考虑 RDF 图模型的另一个部分,如果细分 DCs 领域,例如分为 owl: Class(对象),owl: Class(事件),owl: Class(场景),最终会得到一个由广义 DCs 领域从上到下推导的子图,而且每一个获得的子图和子类都可以延伸到更多的领域。换句话说,RDF 子图有一个较为标准的概念化的分类方法,这个方法表示了包含具体属性和可以仅划分为一个特殊对象的 DCs 本体模型。公式(3-1)在 RDF 图的形式化表示可以延伸到子图,在这样的图中,$\Phi_{RDF\text{-}g}$ 可以被声明为一个 RDF 子图($\Phi_{RDF\text{-}g}^{sub}$)。因此,RDF 图是一对由边和节点表示的 RDF 子图模型,在这个模型中,节点和边都是 RDF 子图的一部分,被形式化表示为 $(N_{node}^{sub}, E_{edge}^{sub})$。

$$\Phi_{RDF\text{-}g}^{sub} = (N_{node}^{sub}, E_{edge}^{sub}) \tag{3-2}$$

这就意味着 RDF 子图是 RDF 图的一个子集:

$$\Phi_{RDF\text{-}g}^{sub} \subseteq \Phi_{RDF\text{-}g}, \quad \text{if} \quad N_{node}^{sub} \subseteq N_{node} \quad \text{and} \quad E_{edge}^{sub} \subseteq E_{edge}$$

2. 直接标记图

公式(3-2)利用被称为 RDF 直接标记图(direct label graph, DLG)

（$\Phi_{\text{RDF-DLG}}$）的多图形场景表示了 RDF 图的定义。基于数学中的图论，一个直接标记图只是一个由边连接的节点的集合，而且边都有直接连接的节点。在 DLG 中，节点表示资源、文字值或空白节点，而边是一个圆弧绘制的连接线，用来连接 DLG 中的两个节点，每一个节点被表示为资源和文字值的联合组的直接标记图。因此，基于下面的描述对 DLG 进行形式化的表示，假定 DLG 在 RDF 图中被表示为 $\Phi_{\text{RDF-DLG}}$。如果 V 是一个 RDF 图词汇的集合，那么

$$(V_{\Phi_{\text{RDF-g}}}) \subseteq V_{\text{var}} \quad \text{and} \quad \Phi_{\text{RDF-g}}(V_{\text{var}}) \rightarrow \Phi_{\text{RDF-DLG}}$$

V_{uri} 是一组 URIs，V_{literal} 是一组文字值。$\Phi_{\text{RDF-DLG}}$ 是 RDF 的直接标记图，因此，

$$\Phi_{\text{RDF-DLG}}(V_{\text{uri}}, V_{\text{literal}}) := \{\Phi_{\text{RDF-t}} := \Phi_{\text{RDF-g}}\} \wedge (V_{\Phi_{\text{RDF-t}}} := V(\Phi_{\text{RDF-g}}) \subseteq (V_{\text{uri}}, V_{\text{literal}}))\}$$

RDF 是一种使用 URI 作为节点和弧度来表示直接标记图（$\Phi_{\text{RDF-DLG}}$）的语言。这就表示对于任何 DCs 本体数据模型，URI 被用于表示数据，并将 RDF 数据作为单独的信息。

这意味着在 RDF 图模型中，一组 RDF 词汇总是所给变量的子集。这也表示了 RDF 图的某些变量的映射也是一个 RDF 图模型的 DLG。如果是这样，那么无论是属性值、资源或文字值，映射函数/操作都可以通过结合所有的节点和边来获取。RDF 图的函数可以表示如下：

$$\mu(\delta\Phi_{\text{RDF-g}}) = (N_{\text{node}}, E_{\text{edge}}, L_{N_{\text{node}}}, L_{E\,\text{edge}}) \tag{3-3}$$

其中，$\mu(\delta\Phi_{\text{RDF-g}})$ 表示了 RDF 图模型的一个映射函数。

从公式（3-3）可以看出，如果 N_{node} 被解释为从 DCs 领域的 RDF 图模型获取的 RDF 的主语和宾语元素，$\mu(\delta\Phi_{\text{RDF-g}})$ 可以被进一步推导，以获得 RDF 图节点值的意义。

$$N_{\text{node}} = \{n_x : x \in \text{subj}(\Phi_{\text{RDF-g}}) \bigcup \text{obj}(\Phi_{\text{RDF-g}})\} \tag{3-4}$$

文字节点表示为

$$L_{N_{\text{node}}} n_x = \{(x, d_x)\}$$

如果 x 是文字，那么 d_x 就是 x 的数据类型标识符。

RDF 图的边用同样的特征来定义，唯一的区别是 RDF 图的边是从 RDF 图的主体和客体组成的每一个 RDF 描述中获取的。

$$E_{\text{edge}} = \{e_{(S,P,O)} : (S, P, O) \in \Phi_{\text{RDF-g}}\} \tag{3-5}$$

E_{edge} 是一组节点的有序对，叫做弧度，有向边或箭头。

因此，分解 RDF 图模型的边，从连接节点到对象（$\Phi_{\text{RDF-g}}$）的（$e_{(S,P,O)} = n_S$

再到连接节点最后到对象($\Phi_{\text{RDF-g}}$)的($e_{(S,P,O)} = n_O$)。$L_{E_{\text{edge}}}(S,P,O) = P$ 表示属性($\Phi_{\text{RDF-g}}$)，注意 n 是 RDF 图模型的节点元素。

根据公式(3-5)，可以简单证明，边的谓词表示中没有节点，这就表明了边是连接节点和其他节点的标记箭头，但是可以用 URI 来表示。为了获取更清晰的节点和边，必须强调对在 DLG 中使用的节点和边理解的特性。这样，就可以用公式(3-6)概括表示节点，用公式(3-7)概括表示边。

$$\delta N_{\text{node}} x : x \in \text{sub}(\Phi_{\text{RDF-g}}) \bigcup \text{obj}(\Phi_{\text{RDF-g}}) \tag{3-6}$$

$$\delta E_{\text{edge}} \{y : y \in \text{pred}(\Phi_{\text{RDF-g}})\} \tag{3-7}$$

公式(3-6)表示了 RDF 实例的某些值的一组变量是否具有文字值。如果 x 是一个节点，那么 x 的值就是一个 RDF 图元素的主体或客体的包容对。

公式(3-7)表示，对于那些表示两个节点之间属性关系的边来说，如果 y 是边，那么 y 就是 DLG 中 RDF 谓词的元素。因为弧表示了描述(S,P,O)，所以，RDF 图中表示的 DLG 是一个多图形；按照同样的方式，如果是 RDF 图模型的主体与谓词，同样的资源可以被映射成一个节点或若干条边。

公式(3-6)和(3-7)帮助我们理解了区分图和子图之间的两个 RDF 图的重要性。然而，通过使用预先确定的本体语言，例如 DCsDL、FOL 或 OWL-DL 等，无论是从简单还是复杂的本体模型中获取的 RDF 图模型，本体引擎自动提供了一种显示、创建和编辑 RDF 图模型的方法。这种语言通常用于描述约束，能够创建一个复杂的规则以确保本体领域中本体数据的一致性。

3.2.3　使用 OWL-DL 和 DCsDL 的数字内容数据的形式化表示

OWL 是一种由 W3C 推荐的处理网站信息的标准语义网络语言。OWL 语言对 RDF 词汇和 XML 语法有利。如果对 OWL 和 RDF 进行对比，会发现它们之间存在一定的相似性；然而，OWL 在语义语言词汇方面显示出更好的能力，使其能够提供机器的可解释性。在某些情况下，OWL-DL 提供了一种形式化和逻辑的机制去表示 DCs 本体类的组成元素、属性（关系）、实例、约束、公理和事件。

OWL-DL 为高效处理 DCs 数据的约束及 DCs 域的交换性能，提供了描述机制和更多的表达能力，例如语法修改和非结构限制。因此，我们计划用 OWL 的三种子语言中的一种构造 DCs 数据，并为 DCs 领域的类和属性的约束提供基本的支持。

一般来说,SHOIN 是一种由概念、角色和对象个体形成的公理,它与逻辑原则相协调,可以用在本体模型中,为本体数据提供规则和约束。表 3-4 给出了 DL 概念和逻辑定义。

表 3-4　DL 概念和逻辑定义

概念	公理化条件	语义描述
$\alpha_C\rightarrow$	$C_1\sqsubseteq C_2$	概念包含
	$C_1\equiv C_2$	概念等效
	$C_1\cap C_2$	概念的连接或交集
	$C_1\cup C_2$	概念的分离或交集
	$\neg C_1$	概念的补集
	$\exists C_1,C_2$	概念的存在约束
	$\forall C_1,C_2$	概念的普遍约束
$\alpha_I\rightarrow$	$R_1\sqsubseteq R_2$	若 $R_1^I\sqsubseteq R_2^I$,则角色是包含关系
	$R_1\equiv R_2$	若 $R_1^I\equiv R_2^I$,则角色等效
	$trans(R)$	角色的传递
$\alpha_I\rightarrow$	Ca	若 $a^I\in C^I$,则是对概念声明
	$R(a_1,a_2)$	若 $(a_1^I,a_2^I)\in R^I$,则是对角色声明
	$a_1\approx a_2$	若 $a_1^I\approx a_2^I$,则个体等效
	$a_1\not\approx a_2$	若 $a_1\not\approx a_2$,则个体不等效

注意,a 和 b 是个体 I 的元素,其中 I^T 应该满足一个公理化的条件:若 $C_{1'}\sqsubseteq C_{2'}$,则 $C_1\sqsubseteq C_2$。这种解释叫做公理模型 α_I,而解释 I 必须满足一个公理或断言 α_I。

我们认为 α_C,α_R 和 α_I 的拆分分别是 DCs 本体数据的本体集,DCs 本体数据的本体集以 $(\alpha_C,\alpha_R,\alpha_I)$ 的顺序给出,分别是概念名称(也称为原子概念)、角色名称和个体名称(也称为个体或媒体数据的对象)。

根据表 3-4 可以看出,任何指定领域的概念都被定义为最小的集合,这样:

every $A\in\alpha_C$(所有原子概念都是概念)

如果 C_1 和 C_2 是 DCs 概念,而且 $R \in \alpha_R$,那么以下也是 DCs 概念:

$C_1 \bigcap C_2$(两个概念的交集是一个概念)

$C_1 \bigcup C_2$(两个概念的并集是一个概念)

$\neg C$(概念的补集是一个概念)

$\forall R.C$(概念的一般约束是一个概念)

$\exists R.C$(概念的存在限制是一个概念)

OWL-DL 具有描述逻辑 DL 的能力,它包含了许多 OWL-Full 的词汇和语法。DCsDL 介绍了 OWL-DL 不能用在 RDF 文档中的约束,它把 URI 当作一个个体和类或属性。由于这个原因,OWL-DL 成为了表示 DCs 本体的语言。

此外,OWL-DL 作为知识资源去定义 DCs 分类,这样 DCs 本体领域被划分为 4 个主要 DCs 类的类别,表示为 T_{ont},DCs 属性表示一组约束为 R_{ont},公理表示为 A_{ont},事实描述为 F_{ont}。

DCs 本体 O 可以形式化地定义为

$$O = \{T_{ont} \in \{R_{ont}, F_{ont}, A_{ont}\}\} \tag{3-8}$$

其中,T_{ont} 是一组 Φ_{RDF-tp} 形式的三元组。

一般来说,本体 O 被定义为类的集合,包含主体 S、客体 O 和属性 P,这可以用于 Rules-R_{ont}、Facts-F_{ont} 和 Axiomatism-A_{ont} 的某些约束,其中所有的约束可以应用于任何领域的分类。考虑以下的说明:

Φ_{RDF-tp} 是一组 $\{S, P, O\}$ 形式的三元组,其中,

$\Sigma(\Phi_{RDF-tp}) := \{S | \exists (S, P, O) \in \Phi_{RDF-tp}\}$ 表示了 Φ_{RDF-tp} 中主语的集合。

$\Pi(\Phi_{RDF-tp}) := \{P | \exists (S, P, O) \in \Phi_{RDF-tp}\}$ 表示了 Φ_{RDF-tp} 中谓语的集合。

$\Omega(\Phi_{RDF-tp}) := \{O | \exists (S, P, O) \in \Phi_{RDF-tp}\}$ 表示了 Φ_{RDF-tp} 中宾语的集合。

因此,没有任何约束规则的主语、谓语、宾语的标准集合,DCs 本体领域可以促进基于为 DCs 数据创建的描述本质的内在约束。它也可以表示为如下的信息,其中 T_{ont} 表示一组本体。

$$\Phi_{RDF-tp} \begin{cases} C/S = \{C_i | \text{URI}_i \ \text{rdf:type owl:Class} \in O\} \\ P = \{P_i | <\text{URI}_i \ \text{rdf:type owl:ObjectProperty}> \in O \lor \\ \quad <\text{URI}_i \ \text{rdf:type owl:DataTypeProperty}> \in O\} \\ I = \{O_i | \ \text{URI}_i / \in C \ \text{and} \ \text{URI}_i / \in P\} \end{cases} \tag{3-9}$$

Φ_{RDF-tp} 是一个确定由 I 表示的三元组集合的本体描述,这个三元组包含类 C、属性 P 和客体或者类对象的实例。等式(3-9)给出的定义对 DCs 本体语言有足够的表达力。例如,媒体数据的一个特殊类可以用一个类类型的特殊

URI 例如 owl：Class 来表示,它占用一个对象组成一个与 rdf：type 属性 P 一致的本体描述。P 也用一个特殊的 URI 来表示,这个属性也可以在两种表示中出现,owl：ObjectProperties 表示 rdf：type 属性的任何一种类型,rdf：type 将 owl 类和对象或类的实例联系起来,而 owl：DataTypePropeties 将类的约束表示为数据格式的特殊类型,例如,xsd：string,xsd：integer,xsd：dateandtime,xsd：date 等。

在 DCs 本体数据集成的环境下,描述逻辑(DL)用于描述 OWL/RDF 数据源和合理数据的不完整性之间的依赖关系,合理数据的不完整性来源于本体管理者的 RDF/OWL 模式。因此,本体数据的表达力体现在捕获 DCs 领域描述符意义的能力上。

3.2.3.1　DCs 描述语言

DCsDL 是依据概念、对象的表示集、角色和概念之间表示二进制的关系来表示 DCs 领域的逻辑方法。通过使用合适的结构体,一个复杂的概念和角色表示可以从原子概念和角色的集合开始创建。换句话说,DCsDL 是一系列基于逻辑描述的语言,这些语言是形式化知识表示的一部分,通过使用形式化表示技术,形式化知识表示对推理机制进行编码来描述 DCs 领域。本研究采用 DCsDL 作为核心描述语言的理由是:DCsDL 能够创建一个 DCs 本体模型和推理机制的连接点,因为 DCsDL 是本研究目的的一部分,其目的是试图理解构造器如何交互和影响推理引擎。

在这种情况下,DCs 本体模型被当成由媒体术语断言(包括断言或公理)的有限集合描述的知识库(KB),通常称为 TBox。这里,根据概念的类、属性和类的对象之间的逻辑关系,将 TBox 定义为 A_{ont},表示如下:

$$A_{ont} = \begin{cases} A_C = \{[C_i, C_j] | \exists C_i \subseteq C_j\} \cup \{C_i \equiv C_j\} \\ A_P = \{[P_i, P_j] | \exists P_i \subseteq P_j\} \cup \{P_i \equiv P_j\} \cup \{P_i \equiv (P_j -)\} \\ A_{CP} = \{[P_i, C_i] | [P_i \ rdfs:domain \ C_i] \in O \vee [P_i \ rdfs:range \ C_i] \in O\} \end{cases}$$

$$(3-10)$$

逻辑蕴含关系应用于类概念的一个 TBox 到另一个 TBox 或一个谓词对的 TBox 到另一个谓词对的 TBox 之间,还可应用于类范围到 DCs 类概念之间,DCs 类概念和 DCs 属性及 DCs 领域的属性相一致,而类范围必须包括宾语。

思考以下飞行鸟的 TBox 例子:

flyingbird ⊆ bird, flyingbird ⊆ flying,
robin ⊆ flyingbird,

$$penguin \subseteq bird, penguin \subseteq \neg flying$$

鸟的例子,促进了鸟类概念和它们对应的飞行鸟类类别的形成,其中,复杂的构造器的表示已部分合理地解决。

DCsDL 表示的本体定义给出了事实的一个有限集合,称为 ABox。ABox 与个体对象或类的实例有关,例如,一个对象是否是一个概念的实例,两个对象是否由一个角色联系,或者一个对象根据属性是否连接到了 DCs 对象数据类型常量。逻辑上,我们可以把 ABox 看成 F_{ont},F_{ont} 应用在 DCs 领域类内的一个对象或个体的事实中。

$$F_{ont} = \begin{cases} F_I = \{[O_i, O_j] \mid \exists <O_i P_x O_j>, P_x \in P\} \cup \{O_i = O_j\} \cup \{O_i \neq O_j\} \\ F_{CI} = \{[O_i, C_i] \mid \exists <O_i \, rdf:type \, C_i>\} \end{cases}$$

$$(3-11)$$

因此,TBox 和 ABox 可以用于提供一些所谓的术语声明,术语声明可以作为 DCs 领域对象必须服从的约束而强加。在 DCsDL 中,被称作术语盒的 TBox 和称为声明盒的 ABox 之间有一条分界线。一般来说,TBox 包括了描述概念层次结构(即概念之间的关系)的 DCs 本体句,而 ABox 包含了一组描述个体属于哪个层次结构(即个体和概念之间的关系)的 DCs 本体句。

3.2.3.2 DCsDL 约束

如果 DCs 本体数据用形式化语言来表示,例如 DCsDL,那么就需要考虑约束规则,尤其在 DCs 本体数据检索的过程中。DCsDL 提供了两个主要的约束属性,分别是值约束和基数约束。

R_{ont} 是表示查询数据约束的 DCs 本体模型的约束,

$$R_{ont} = \begin{cases} Value \ restriction: \exists P.C, \forall P.C \\ Cardinality \ restriction: \geq nP.C, \leq nP.C, = nP.C \end{cases}$$

$$(3-12)$$

(1) DCsDL-值约束。在程序语言中,语法值的值约束意味着声明是多态化的。值约束保证了 DCs 的个体和实例拥有相同实例值。

用"ObjectPropertyAssertion(lays robin blueeggs)"公理来分析本体。

尽管一个单独的约束不能说明 DCs 类的实际特征,但是 DCsDL-值约束包括了一些个体,这些个体是通过属性约束连接的,表 3-5 中的 DCsDL-值约束包含了"lays"属性和个体"robin",其中"blueeggs"是一个实例。

表 3-5　对象属性断言

DCsDL 约束规则	语义含义
robin⊆flyingbirds∩∃ lays {blueeggs}	robin 是一种产蓝色卵的飞行鸟

DCsDL-值约束中有两个重要的量词——存在量词∃和全称量词∀。

在 DCs 本体中,存在量词∃表对象属性和个体实体。这样,至少有一个对象应该满足这样的条件,在给定类中存在一些个体与给定的属性相连接,用数学符号存在量词表示为

ObjectSomeValuesFrom(OPE CE)：$\{x \mid \exists y : (x,y) \in (OPE)^{OP} \text{ and } y \in (CE)^{c}\}$

其中,OP 是 DCs 数据的一个对象属性解释函数,OPE 表示 DCs 数据的一个对象属性符号,C 是类解释函数,CE 表示了一个类符号。

全称量词∀被定义为一个运算符,这样就有

ObjectAllValuesFrom(OPE CE)：$\{x \mid \forall y : (x,y) \in (OPE)^{OP} \text{ implies } y \in (CE)^{c}\}$

这就意味着个体总是与给定的属性连接,这些个体都来自于给定的类。

例如,有了全称三元组($\forall \Phi_{RDF-t}$),就可以表示 Φ_{RDF-t} 的所有三元组中出现的所有值的集合,称为 Φ_{RDF-t} 的全域,表示为 $\forall \Phi_{RDF-t}$。三元组 $V_{\Phi_{RDF-t}}$ 的词汇是全域所有值的集合,不是空白的节点,称之为 Φ_{RDF-t} 词汇。Φ_{RDF-t} 的大小是它所包含的声明的数量,通常表示为$|T|$。(Φ_{RDF-t})的主语、谓语、宾语的所有指定值都以 Φ_{RDF-t} 的(主,谓,宾)形式出现。

(2) DCsDL-基数约束。将约束放置在对象属性表达式的基数上可以对 DCs 类属性进行形式化表示,而根据 OWL2 标准中类表示的新方法,基数表达是通过对 DCs 的形式化而形成的。DCsDL-基数约束是一个 DCs 领域的概念约束表达式,这个表达式的形式是($P(x) \geqslant n$ C)或($P(x) \leqslant n$ C)。

(3) DCs 域的 or。

$$\text{or } (\exists ! x : P(x) \, n \, C)$$

其中,C 是一个概念,$n \in N$ 是非负整数,$P(x)$是概念的属性关系。DCsDL-基数约束限制了 DCs 领域概念实例的数量。图 3-8 表示了本体模型内基数约束的模式。

DCsDL-基数约束属性可以是合理的,也可以是不合理的,它只能应用于 DCs 对象的个体,DCs 对象的个体是由对象属性表达式连接的,同时,是指定类表达的实例;在后者情况下,约束属性应用于由对象属性表达式连接的所有个体(等价于 owl:thing)。DCs 类表达式被一个对象的基数属性约束,例如,

MinCardinality（P（x）≤n C），MaxCardinality（P（x）≥n C）和包括个体的 ExactCardinality（∃!x：P（x）n C）属性，这些个体由对象属性表达式连接到 最小条件≤，最大条件≥和准确条件≡/∃!这些分别给出了一组指定类表达 式的实例。基于类属性和个体关系的某些条件，DCs 类和个体的约束也可以 应用在 DCs 本体模型中。

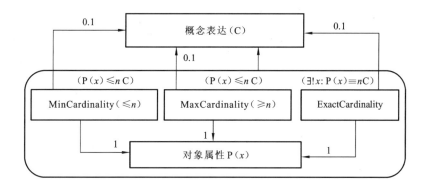

图 3-8　基数约束

3.3　基于本体的数字内容的推理机制

3.3.1　DCsDL 中的推理模块

DCs 本体模型需要推理机制对兴趣域进行标准化，兴趣域包括了一致性 检测（或者可满足性）、实例检测（DCs 本体领域的某个个体是否是某个概念 的实例）和逻辑蕴含（本体是否包含某个约束）。DCs 本体模块的推理服务的 主要任务是用一些推理方法去解决推理问题，因此，推理服务可以分为三 大类。

（1）包含。计算所有子类和本体类之间关系的推理模块的趋势（例如，如 果概念 A 包含概念 B）。

（2）一致性。对于 DCs 本体模型的开发来说，这是一个关键的假设，它检 测了一个知识库中的声明是否含有一个模型（可满足性）。这个模型的重要任 务是要确保 DCs 本体数据被正确分类，而且应用的规则是符合一致性顺序 的。如果 DCs 本体模型包含任何矛盾的公理，同时相应的 DCsDL 是不满足 的，那么 DCs 本体模型就是不满足一致性的。例如，考虑下面的情况：

birds ⊆ animal（鸟是动物）

birds ⊆ fly（鸟是飞行动物）

鸟类的表达在某种程度上似乎是正确的,但是,如果想进行更深层次的分类,那么给出的例子对 DCs 本体模型来说就是不满足一致性的,因为,并不是所有的鸟都是飞行动物。

ostrich ⊆ birds（鸵鸟是鸟）

ostrich ⊆ ¬flying（鸵鸟不是飞行鸟）

因为它表示鸵鸟有可以飞行和不可以飞行两个属性,因此,本体鸟中的鸵鸟已经不满足一致性。

（3）实现。这里主要实现类和实例成员,同时要计算实例类成员（如属于某个概念的实例集合）。例如,在指定的查询中:给出所有鸟类的实例。

图 3-9 表示了本书提出的推理模块的内部框架,其中包括 DCs-推理引擎、DCsDL 和 DCs-查询模块。

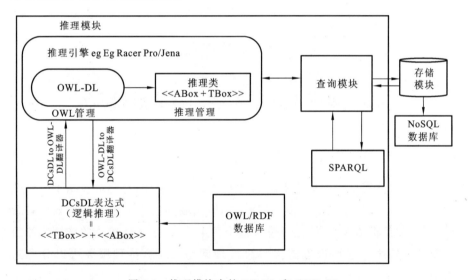

图 3-9　推理模块中的 DCsDL 和 OWL-DL

本书提出推理模块的目的是基于一致性检测、包含过程和属于 DCs 领域的实例成员的实现为 DCs 数据提供推理服务。从前面的描述中可以看出,在 DCs 本体模型开发阶段,推理机的使用是非常重要的,它可以使隐含的概念更加明确,并且实现 DCs 概念的布尔表示。事实上,对约束的表达只是 DL 约束构造器的简化。

3.3.2　数字内容数据的推理引擎

图 3-9 表明,在 OWL 管理和拥有推理类的推理管理的情况下,DCs-推理引擎包括 RDF/OWL 模式。因此,本书中提出的 OntoBDCs 模型必须包括推理技术,使 DCs 数据从推理引擎转换到 DCsSM,并保持 DCs 类的一致性。由于 OWL-DL 到 DCsDL 的直接连接,可以清楚地知道,DCsDL 拥有的推理机制也可以被应用于 OWL-DL 语言中。同时,DCs 本体模型的一致性是真实和不可避免的,通过考虑知识库中相应的 DCsDL,可以检测本体的一致性,类推理可以查询隐含的知识,DCs 本体模块被认为是 OWL/RDF 数据集。

推理引擎的 ABox 提供了两种声明:形式 C(a) 的概念成员声明和形式 $R(a_1, a_2)$ 的角色成员声明,如表 3-4 所示。因此,ABox 不能单独作为知识库,而必须和 TBox 一起,才能作为知识库。

ABox 推理时总要与 TBox 相对应。在逻辑推理的 DCsDL 表达中,ABox 的基本推理服务如下。

(1) 实例化检测:问题共同决定对于 ABox A 或者非(A │=C(a),概念声明 if $a^1 \in C^1$),声明是否必要。如果每个说明都满足 A 也满足 C(a),那么这个声明就是必要的。

(2) 实现:给定一个个体和一组概念,从这些集合中找出最具体的概念 C,例如 A │=C(a)。

(3) 检索:给定 ABox A 和概念 C,找出所有的个体,例如 A │=C(a)。

(4) 一致性:一个 ABox A 是满足一致性的,如果它与相应的 TBox T 相一致,TBox 推理必须用于 ALC,通过使用展开的 TBox 概念来扩展 ABox。

在此基础上,我们讨论基于推理模块的 DCc 查询和 RDF 图的推理。

3.3.2.1　基于推理模块的 DCs 查询

查询引擎模块负责完成一个概念表达的解析,概念表达表示了 DCs-查询和使用第 6 章中详细解释的推理服务编排查询的执行。根据提出的模型可以看出,查询模块是研究的一个重要组成部分,目的在于使整个框架模块化,以致于最后的结果可以准确回答真实的问题。查询模型用于满足推理步骤,在使用 OWL-DL 语言的情况下,可以将查询分为三大类,分别是合取查询、实例查询和包含查询。

此外，DCsQM 中的原子是 A(tm) or P(tm；tm`)形式的一个表达，其中，tm 和 tm`都是原子术语。一个原子如果不含变量，那这个原子就是基础原子。

被 OWL-DL 语言和 DCsDL 支持的推理模块允许查询声明公理（类的实例）。表 3-6 列举了一个用推理技术在 RDF 图中实例查询的例子。

表 3-6　实例查询

DCsDL 查询	语义含义
birds $\subseteq \exists$ lays{eggs} $\cap \exists$ has {wings}	鸟会产卵，鸟有翅膀
birds (walkingbirds)	走禽是一种鸟
ostrich $\subseteq$ walkingbirds $\cap$ $\exists$ lays {largesteggs} $\exists$ travels {50 km/h}	鸵鸟是一种走禽， 可以产出最大的蛋， 可以跑 50 公里/小时

DCs 本体模型的两类中，包含查询强调 OWL-DL 中推理的重要用法，即分类。一般来说，DCs 本体数据库中的查询模块大部分是存在的，因此它们取决于 DCs 本体数据的一致性和推理机制，推理机制在 DCs 本体管理中是一个重要的工具。本书中把查询应答作为对 DCs 本体数据的逻辑合取查询。在另一个标准中，查询还必须根据 OWL-DL 语言和 DCsDL（通过 SPARQL）将本体领域的推理过程传递给目前 W3C 推荐的标准 RDF/OWL 查询语言。根据 SPARQL 设计的查询模块可以为句法方法服务，用于类表达的所有本体模块中；目的是允许应答查询应用于 TBox 中有约束的 ABox 中。

3.3.2.2　RDF 图的推理

本书中提出的 DCs 推理引擎支持 W3C RDF 模式（RDFs）和 OWL，这些可以通过 Apache Jena API 查询到。它可以支持其他基于记忆的第三方推理，例如在查询 RDF 图中描述的 Pellet 和 RacerPro。推理可以在本体模型的记忆中执行，例如，OntoModel APIs。另外，本体可以用于外部推理，然而新的推理三元组可以写回到 NoSQL 数据库，并且作为原始图或新命名图的一部分存储。进一步详细讨论将在后续章节中给出。

3.4 DCs 数据表达的例子

这部分,提供关于 DCs 领域的语义表述,所有给出的例子都是基于 DCs 领域表达的静态模型。构建 DCs 本体模型是一个不容易的任务,需要有足够的时间和对领域有非常深入的了解。前面的章节详细解释了 DCs 领域。组织 DCs 数据是一个比较困难的问题,因此,选择领域资源对于创建有价值的领域是个非常好的选择。一个单独的领域可以给出集中于一个特定问题的约束而不是针对全体概念的约束;因为单独指定的领域中的一些特征或属性不是直接指定实体,这些实体需要根据特定领域来定义。任何 DCs 数据期望静态本体模型将概念分为两个子类,或者 DCs 本体模型应该集中于内容行为的功能特性,或者应该集中于内容的时间特性。

3.4.1 用时间特性对 DCs 数据形式化表示

事件本体是一个为任何指定区域表示领域的新技术。一个事件由一些时间和空间界限组成,主观地强加到现实和想象的变化中,为了对它进行声明,可以把它当成一个实体。特别地,声明一些相关的人物、地点或事件。MPEG-7 对事件媒体本体的标准分类包括了许多真实事件的分割,正确地记录事件可能发生的地点和时间。在汽车坠落的事故、飞行着陆、球门、评分项目、鸟类飞行的例子中,所有的时间都会包括某个时间的功效、范围、可行性和可观测性的特征,还可能包括事件的运动、形状、声音和时间特性。图 3-10 用 MSegT 方法论从 DCs 领域概念的媒体对象中提取媒体实体。根据 DCs 领域,使用 DCsDL 作为形式化本体描述语言划分媒体对象事件。事件是实体的集合,这些实体很难用一个简单的知识库系统来处理。图 3-10 描述了基于 MSegT 的事件类识别的特征。

图 3-10 识别了从类领域提取的 DCs 本体领域特征,它描述了一个被鸵鸟追赶的人,其中人和鸵鸟都在奔跑,而且创建了一个事件的场景。通过使用形式化 DCsDL 概念,可以用 Event:EV1 来识别事件。Event:EV1 可以和语义标签(注释)及两个语义属性联系起来,这两个语义属性分别是事件时间属性(at time)和事件地点属性(at palce),事件时间属性就是事件发生的瞬间或者时间区间,而事件地点属性就是指定的或相对指定的事件发生的

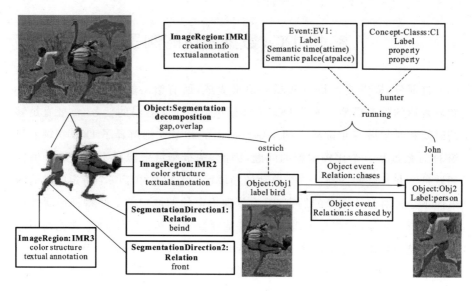

图 3-10　DCs 表达式事件类的识别

地点。

　　此外,为了从 DCs 领域中提取真正的实体,基于 DCs 对象的真实场景,
MSegT 用于捕获媒体对象段的个别部分。从媒体数据提取的每个对象的
部分都可以用于提供 DCsDL 表达的语义说明。DCsDL 可以用基于模型的
语义来解释捕获的事件,例如转化成序列化过程之前的 RDF/OWL 语言。
在图 3-10 中,ObjectSegementation:decomposition 将图像分成了两个区域,
分别是 IMR2 和 IMR3,它们是基于颜色而划分的,并且用文本注释来说明,
用 MSegT 来识别 DCs 对象的对象模式。同时 MSegT 还提供了一种用方位
关系来描述对象到对象模式的方法,例如前或后,左或右,上或下。

　　为了描述真实世界中动作和改变的发生,DCs 本体模型中的每个事件
的对象都应该被当成一个复杂的领域。因为这样的事实包括两个条件,一
个单一对象的动态和静态属性,对象和属性是静态的,而事件是动态的。例
如,视频领域的 DCs 可能包括一系列的属性,如颜色、纹理、运动和形状、图
像和音频内容,其中的每一个特征都可以通过选择属性描述符来表示。

　　同时,运动和视频事件可能有动态事件的特征,这些特征的描述可能包括
动态属性,动态属性将事件和属性联系起来,例如,事件的时间(at time),事件
的地点(at place),事件的区间(circa),一个时间区间可以用日历日期和时钟
时间来精确描述,说明属性(illustrate),一个由某些事物(通常是一个媒体对

象)说明的事件和某些时间包括了一个代理属性(包括代理)。一个代理包括某个事件发生的时间,如果事件的发生没有包含任何代理,那么这个事件就是自然事件(场景),例如火山爆发事件、雨、雪等。同时,一个音频属性的集合,对于包含音频的视频实体是可用的,例如沉默、语音和旋律。表 3-7 总结了一个事件本体模型的词汇术语。

表 3-7 事件本体的类定义

词汇	OWL-类型	定义
events	OWL:Class	解释"某些已经发生的事情"的行为,例如新闻文章或博客中所报道的
at place	OWL:Property	事件发生的地点(发生事件的环境)
at time	OWL:Property	事件发生时的抽象时刻或时间间隔
circa	OWL:Property	可以使用日历日期和时钟精确描述的时间间隔
illustrate	OWL:Property	一些事物(通常是媒体对象)
in space	OWL:Property	空间的抽象区域(例如地理空间点或地区),是事件发生的地方
involves	OWL:Property	参与事件的(身体,社会或精神)客体
involves agent	OWL:Property	参与事件的代理,可能是一个人或事件导致事件发生

3.4.2 用对象特征表示 DCs 数据

基于功能特性的 DCs 本体模型的表示是一种新的表示方法,它包括了 DCs 领域存在的属性和物理特征。基于功能特性的 DCs 本体模型领域可以依据人类活动来划分 DCs 的实体,例如个人简介、人类活动、家庭关系、人类疾病和可能的症状、植物,甚至是动物生活和它们的分类。图 3-11 是基于鸟类特征表示的 DCs 领域分类。

展示的模型使用了一个简单的方法将词汇转换成对象本体和 Dublin 核心元素。对象本体模型允许对用户查询的高层次概念进行定性的高水平定义。图 3-11 对 DCs 进行了分析:鸟类被划分为两种主要的子类,flyingbirds 和 walkingbirds 两类。根据它们之间的关系,通过将类划分为对象实体的深

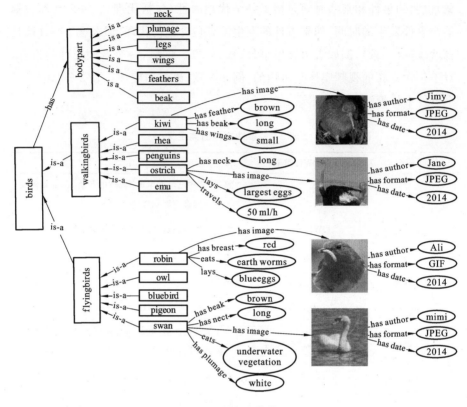

图 3-1　对象本体模型

层次类型,每个类和子类都可以进一步来说明对象实体。例如,鸵鸟是一种鸟,可以提供许多能被辨别的语义特征。

因此,通过使用一个简单的 DCsDL 描述,可以提取鸵鸟对象的 DCs 实体实例,然后识别跟它有关联的特征。例如:

> ostrich lays big eggs
>
> AND ostrich travel 50 km/h
>
> AND ostrich is-a walking bird
>
> AND walking birds is-a subclass of birds

注意:给定 DCs 领域的两个例子中的一个包括技术环境,需要输出或输入到其他系统以供使用,例如输出到语义网络或本地磁盘存储,然后所有的信息就可以使用本体语言来表达,例如本体工具(protégé 等)支持的 OWL 和 RDF/RDFs。同时,DCs 本体模型展现给开发者时,是以某种形式化方式创建的本体语言,使用形式化语言或者适合机器语言过程的序列化形式,例如本体编辑、推理工具或存储模型。图 3-12 为了说明 DCs 本体模型,用图形化的分层的类表示,模型可以将 OWL 语言作为一种形式化语言来表示本体模型的任何类别。

```
Class FlyingBirds
<owl:Class rdf:ID= "FlyingBirds"/>
<rdfs:label> FlyingBirds</rdfs:label>
<rdfs:subClassOf rdf:resource=" #Birds"/>
</owl:class>


And the subclass of Flying Birds
<owl:Class rdf:ID= "Robin">
<rdfs:label>Robin</rdfs:label>
    <owl Restrictions>
      <owl onProperty rdf:resource= "#Has"/>
          <owl allvalueFrom rdf:resource= "#RedBreast"/>
            <owl onProperty rdf:resource= "#lays"/>
          <owl allvalueFrom rdf:resource= "#BlueEggs"/>
    </owl Restrictions>
<rdfs:subClassOf rdf:resource="#FlyingBirds"/>
</owl:Class>
```

图 3-12 鸟类的 OWL 分类

思考图 3-12 中鸟类的本体分类表示,它通过序列化、解析和在网络上传输而进行加工。展示了 OWL 类(概念)的规格、属性(关系)和个体(实例),所有的都用指定的 OWL/ RDF 语法来表示。OWL 是常用的形式化本体语言中的一种,它使应用的互操作性称为可能,并且易于让计算机理解其内容。OWL 比 RDFs 具有更强的表达能力。然而 RDFs 是将信息分解成块的一般方法,这个块叫做三元组(S,P,O),它给出了特定的 URIs,在技术方面,URI 用有向图标记,有向图中的边是一个三元组。

为了用 RDF 图的形式定义图 3-12,可以把它作为由一系列 RDF 描述(Φ_{RDF-t})形成的 DCs 本体模型的 RDF 图进行调回,将三元组描述简单表示为(S,P,O),图 Φ_{RDF-t} 的任何一个子图也是 Φ_{RDF-t} 的一个子集。例如:

if (bluebird $\subseteq$ flyingbirds) $\bigcap$ (flyingbird $\subseteq$ birds)$\rightarrow$(bluebird $\subseteq$ birds)

可以用 DCsDL 表示给定例子的语义,这个例子表示如果 bluebird 是一种 flyingbirds,而且 flyingbird 是一种鸟,那么自然可以推出 bluebird 是一种会飞的鸟。

本章给出了识别概念的方法,即用 MSegT 从 DCs 数据中提取媒体对象,开发 DCs 数据的描述性分类,揭示一些概念的关系,用合适的本体语言来传递 DCs 概念领域的形式化表示,例如 OWL 和 RDF/RDFs。本书的贡献是以 DCs-推理引擎和框架的开发和实现为基础,框架使用 OWL-DL 和数字内容描述语言(DCsDL)在 DCs-推理引擎内以逻辑推理的形式来表示 DCs 数据。它包含了媒体对象的静态和动态特征两个方面,同时保持 DCs 数据为 DCs 本体领域服务。

4 基于本体的数字内容数据的存储模型

本章将讨论关于 DCs 的存储模型(DCs storage model,DCsSM)的相关技术,DCsSM 能使 DCs 本体数据文件存储在持久性的数据库,以改善 DCs 本体数据的存储和访问性能。DCsSM 是基于持久性的 Oracle NoSQL 数据库的数字内容的本体数据存储和回收的模型。它使用键值对存储模式:数据依照最大的键值到最小的键值以键值的文字值的二元数组存储;同时支持 RDF 文件的三元组或者 N-quads 格式,也支持 JSON 模型中的 DCs 数据。首先,讨论将 DCs 本体融入 DCsSM 的策略;然后分析某些实际问题的可行解决方法,例如使用批量加载和并行处理插入行数据到数据库中。

4.1 三元组存储与 RDBMS 的差别

4.1.1 三元存储方法

RDF 存储是指数据库将其本体数据的存取形式调整为三元存储形式。它提供了一种可持久性存储并且能访问 RDF 图的机制,而且还具有其他的功能,例如将由 RDF 标准定义的多个数据资源的信息进行融合等。

4.1.1.1 构架示例

假设有两两不相交的无限集 U 代表 URI,B 代表空白节点标识符,L 代表文字。那么,若元组$(S,P,O) \in (U \cup B) * U * (U \cup B \cup L)$,则这个元组叫做 RDF 语句,其中 S 代表类的主体(subject,S),P 是连接主体和对象关系的谓词(predict,P),O 是声明的客体(object,O)。图 4-1 表示 RDF 的两个结点(主体和客体)及连接它们的谓词关系。

图 4-1　图数据存储–资源构架及关系

图 4-2 表示一组这样的语句称为 RDF 数据库。由于一个 RDF 语句足以容纳一个特定数据信息，所以在单个 RDF 语句中，RDF 数据库可以表示为直接标记图。主体和声明的客体都以椭圆形表示。从主体边缘点到客体边缘点则以标有谓词语句的直线表示。RDF 语句符合以下格式：

$$statement\ (S_t) = subject\ (S_n) + predicate\ (P_n) + object\ (O_n) \quad (4-1)$$

为了简便，用 FOL 形式把属于类 $C_1;\cdots;C_n$ 的一个 n-ary 的关联 P_n 表示为谓词 P_n。

$$\forall X_1;\cdots;X_n.\ P_n(X_1;\cdots;X_n) \rightarrow C_1(X_1) \wedge C_n(X_n) \quad (4-2)$$

图 4-2　图数据存储（RDF 语句）-资源文字构架

规定谓词组件必须属于两个被命名事物的主体和对象之间关联的类，这样，谓词就是关联这两种事物的关联词。

在关系数据库中，将信息以三元组形式存储时，读取该信息的时候需要通过 SPARQL，RDQL，SQL 或 NoSQL 等的查询语言。不同于关系数据库，三元存储在三元组的存储和检索方面性能更好。除了查询之外，三元组通常可以使用 RDF 或其他格式进行导入或导出，这些格式包括常用的 XML 或 JSON，甚至是基于文本的格式或 html 格式。

4.1.1.2　三元存储所面临的问题

三元存储方法仍被看成是基于单个机器存储 RDF 数据的最好方法，虽然 RDF 数据的复杂性最低，但在某些程度上 RDF 的三元存储仍存在一些问题。例如，三元存储方法的可扩展性有限，因此，它将会在查询进程引擎时产生故障或者查询性能变差，并且当 RDF 三元组的数据内容大量增加时，单一表将变得狭长。我们多次碰到此类问题，一旦 RDF 三元组中积累达到百万级词汇，查询性能的提高将变得非常困难。

首先，虽然最简单的存储 RDF 三元组（RDF 数据）的方法是使用包含一个关系/表格的三列框架的方法，此方法中每一列分别对应为主体、谓词和客体，但是由于表单通常位于独立的机器中，因此这个方法是不可伸缩的。另外，因为一次查询经常需要同一张表中的几个自连接项，所以查询性能减弱。因此，需要修改单表存储模式来提高查询性能。

其次,虽然存储 RDF 三元组(RDF 数据)是最简单的方法,但它包含三列框架的关系/表格每个列的主体、谓词和客体之一,这种方法是不可缩放的,因为表格通常用单机定位。另外,由于查询需要多个具有相同表格的自连接来修改单个表的存储模式以提高查询性能,所以查询性能降低。

4.1.2　关系数据库存储方法

关系数据库长期保持着良好的性能,是已存在的数据存储技术中最健壮且最一致的数据库之一。关系数据库性能好并不是偶然的,因此很多机构如政府、非政府甚至一些商业组织都对关系数据库非常信任。许多商业组织中运行的应用程序都是使用后端关系数据库作为存储信息的最好的地方。

在关系数据库中存储本体数据意味着按照一定的策略在关系数据库中建立 OWL 本体的概念和内容,同时使用数据业务和管理能力在现有的关系数据库系统中存取本体数据。幸运的是,我们很熟悉关系数据库,特别是在处理小量的结构化数据时,这些数据中的表是由行和列,使用独特的密钥对数据库内的数据相互关联,如图 4-3 所示。

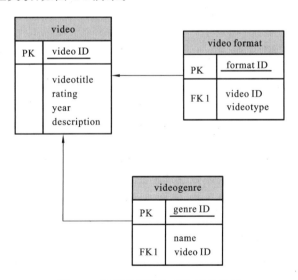

图 4-3　关系数据库的 E-R 结构表示

考虑将式 4-2 中的 X 作为一个关系数据库,这样所有的数据都存储在关系表的行和列中。每个表由叫做元组"att^x"的记录组成,每条记录由含有特定值的字段属性 A^x 标识。在"一对一""一对多""多对多"的 R^x 关系中,每张表至少要和另一张表共享一个字段。这些关系使得数据库用户能以几乎无数种方式访问数据,并可以结合表作为构建块来创建复杂且大型的数据库。

$$X = (R^x, A^x, att^x, PK^x, FK^x) \qquad (4-3)$$

关系数据库是关系的集合 R,它包含属性 A、元组、主键 PK 和外键 FK。

关系集 R^x 被定义为 $R^x = \{R_1^x, \cdots, R_n^x\}$。关系通常表示为具有相同属性的行集合的表格。

属性集 A^x 被定义为 $A^x = \{A_1^x, \cdots, A_n^x\}$。属性通常叫做列。

元组集 att^x 以 $(R_i^x, subset(A^x))$ 形式表示。它描述了每个关系的属性或列。

元组集 PK^x 以 $(R_i^x, subset(A^x))$ 形式表示。它描述了每张表单的主键,表中记录的唯一表示符就是表的主键。

元组集 FK^x 以 (R_1^x, A_1^x),(R_2^x, A_2^x) 形式表示。每个元组代表一个外键,其中关系 R_1 中 A_1 的值受限于关系 R_2 中 A_2 的值,也就是表 R_1 中的列 A_1 是表 R_2 中列 A_2 的外键。

关系数据库通常与存储关系数据和结构化相联系,但是随着技术发展和非结构化数据的兴起,关系数据库已经被用于存储其他类型的非结构化数据,例如 RDF 数据。

如今关系数据库被广泛使用,关系数据库 SQL 和 MySQL 等已经占据了数据库市场,并且得到了很好地应用。

当前互联网和 Web 技术带来了一些变革。互联网被广泛使用,如今很多人在亚马逊和易趣上购物或者在在线搜索引擎上发送数以百万计的查询。因此,像谷歌、雅虎、亚马逊、易趣之类的大型公司发现关系数据库并不是很好,大多数像这样的在线公司选择把注意力集中在其他比关系数据库更好的存储模型上,而使得他们脱离关系数据库的主要因素如下:

第一,它们拥有太多的数据,数据量增长太快。RDBMS 并不是被设计用来处理发生在亚马逊、易趣和许多其他在线市场及每分钟服务数以千万计的在线应用程序的事务。在 RDBMS 中,大规模的网络数据处理并不是只对产品有影响,而是对数据库中所有类都有影响。

第二,并不是所有数据都是一致的。RDBMS 确实可以处理一些不规范及结构缺少的问题,但是当处理结构定义松散的大量数据集时,RDBMS 就显得力不从心,因此典型的存储机制和访问方法也得到了延伸。

第三,访问时间长而枯燥,关系数据库并不意味着需要在同一时间处理很多大型数据的查询,这种处理会导致对大量用户查询回答的延时。

4.2 基于本体的数字内容数据的存储架构

上面的内容简要地讨论了两种 RDF 存储技术(三元存储和关系数据库存储)。研究发现,这两种技术无论是对于特定环境下存储 RDF 数据到本体数据结构,还是对于应用的目的都是很好的选择。通过考虑这项研究中使用的 DCs 数据的性质,我们提出了改进的存储、访问和查询模型,这种改进能实现我们给出 NoSQL 数据库解决方案的目的。

NoSQL 数据库是数据库管理系统领域的通用术语,指的是不属于关系数据库的数据库管理系统。简单地说,NoSQL 数据库可能不需要一个给定的数据库模式。

NoSQL 的可能性解决方案(MongoDB)在存储和实时数据处理方面扮演着主导的角色,NoSQL 数据库为数据的存取提供一种机制用来为关系数据库中使用的表格关系建模,这种方法的动机包括设计的简洁、水平扩展性和更好的控制可用性。这种数据结构(例如树、图、键值)和关系数据库不同,因此一些操作在 NoSQL 中执行快,而另一些在 RDBMS 中执行快。该数据库模型属于 NoSQL 数据库系列,它是 Oracle NoSQL 数据库解决方案,幸运的是,Oracle NoSQL 数据库同时支持三元组和关系数据库模型。

我们的研究成果可以归纳为以下几点:首先,我们提供 DCsSM 技术使用 Oracle NoSQL 数据库解决方案将 RDF 数据存储在元文本中。Oracle NoSQL 数据库提供了与 Oracle 数据库的深度集成,通过 Oracle 的外部表功能,SQL 查询语句可以完全不同于 NoSQL 数据库,甚至可能加入关系表单。同时它也支持 Hadoop 和 Apache 的 map－reduce 技术,NoSQL 数据库和 Oracle Semantic Graph 结合起来使用 Jena Adapter 以三元组/四元组的形式来存储大量的 RDF 数据。适配器允许使用 SPARQL 查询快速访问存储在 Oracle NoSQL Database 中的图数据。其次,我们提供技术过程作为 RDF 数据访问的替代解决方案,这些过程包括重定义的基于本体数据的访问模型和连接数据库中的 RDF 数据的更好性能的访问方法。最后,我们得到一种查询模型,这种模型用来确定回应 SPARQL 查询需要的最好的查询计划。

4.2.1 OntoBDCs-SAQM 的总体结构框架

基于本体的数字内容的存储、访问和查询模型框架为使存储、访问和查询模型适应单个平台的单个应用提供了总体结构。基于本体的 DCs 访问存储查询模型（Ontology-based DCs storage access query model，OntoBDCs-SAQM）由三种集成模型融合而成，它们分别是 DCs 存储模型（DCsSM）、DCs 访问模型（DCsAM）和 DCs 查询模型（DCsQM），所有这些模型都用来解决基于本体的 DCs 数据的操作问题。此外，OntoBDCs-SAQM 还包括 DCs 本体数据层的集体流程。OntoBDCs-SAQM 显示了集成在一个框架中的DCsSM、DCsAM 和 DCsQM 的划分，如图 4-4 所示，其中的部分框架是由一个可选的 DCs 本体设计模型和 DCs 域的 DCs 本体数据层组成。

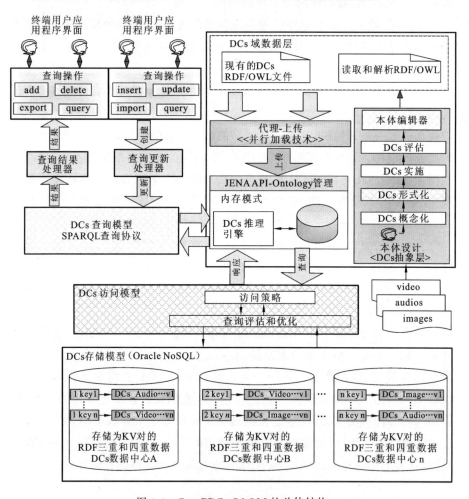

图 4-4　OntoBDCs-SAQM 的总体结构

OntoBDCs-SAQM 允许存储 RDF 数据和模式信息，并提供方法来查询和访问这些信息。因此,RDF 存储的两个主要组件是存储库和建立在存储库顶端的中间件。

总的来说,此项工作不仅简化了本体模型和框架功能,而且改进了存储、访问和查询 DCs 数据需要的方法。

4.2.2 该框架反映的问题

事实上,一种给定模型已经建立并形成了一些用来互连 DCsSM、DCsAM和 DCsQM 的重要技术。JENA API 模型作为很有用的工具被用来支持系统边界之间的通信及用户终端程序与 DCsSM 之间的交流,反之亦然。JENA API 的使用已经带来了很多问题,其中一些问题是基于通过三元和非三元的本体数据交换信息的能力。然而,为了保证框架的成功,需要一个能够实现本体数据存储的高效的、稳定的且更耐用的模型的综合系统。

第一,通过使用以下技术在 DCsSM 内生成然后上传 DCs 本体文件是可能的:①批量加载技术;②并行加载技术;③批量加载和并行处理同时使用的并发加载;④正常的 SPARQL 更新操作。

第二,启动 DCsQM 是有可能的,这样,只要该 DCsSM 能和 DCsQM 进行交流,就能创建并且修改存储在数据库中的 DCs 本体数据。

第三,该模型有助于 DCsAM 形成丰富的访问过程和有效的人为访问策略。

第四,它为 DCsSM 提供了基于 NoSQL 的使用最简单的键值对存储模式。

第五,它能和将结果转换成不同形式例如 JSON、Table 表单,甚至 XML形式的服务绑定,因此能把具有丰富结构和复杂的查询放入单个请求和响应中,减少操作的往返交互。

此外 DCs 数据本身存在很多复杂性,因此这个框架也可用于分布式环境和处理大数据集。正如前文说的,本书提出的模型取决于选择简化目标的存储模型的效率。因此衡量提出的模型的性能是基于在数据库中存取 DCs 本体数据的方式上的。它具有分布性,采用可伸缩的键值对排列,这种排列不仅提供动态数据分区而且优化了通过智能驱动的数据访问。

4.3 基于本体的数字内容数据的存储模型架构

本节提出一种新颖的针对减少存储复杂性和在持久性存储模型中提高DCs 本体数据的访问性能的 DCsSM。

本书提出的 DCsSM 基于 Oracle NoSQL 数据库模型应用,其目的是克服前文提到的 DCs 本体数据上的存储问题或困难,这些问题超出了 RDBM 和三元存储模型能解决的范畴。这种 DCsSM 含有处理 DCs 本体数据所有需要的功能,包括占用更多磁盘空间、需要一种更高效存储模型及更快的访问机制。它也可以用于处理大量数据的场景,以寻求解决与基于大量半结构化或非结构化数据的本体数据的复杂性相关的问题。虽然我们可能没有大型数据集,但该模型利于最大化 DCs 数据的存储性能。所以,这种改进的 DCsSM 提高了事务完整性,索引的灵活性以及查询的性能。

DCsSM 为数据库中 RDF/OWL 数据存储、加载、推理和查询 RDF/OWL 数据文件提供了高效且可伸缩的支持,并结合了支持这些性能可靠操作的可用 API。

图 4-5 显示了本书提出的 OntoBDCs 数据的存储模型框架。DCsSM 为最简单的数据模型提供一组键值对,键值对使用最小键和最大键作为主要组件和二进制数组的值。它被认为是最具伸缩性的存储模型,这种模型不仅支

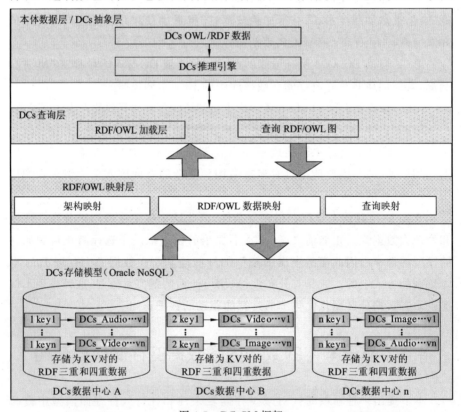

图 4-5　DCsSM 框架

持动态数据分区,而且支持使用智能数据优化数据访问。因此,用来存储 DCs 本体数据的 DCsSM 能拥有一个或多个高可用性的副本,且有效地避免了单点故障,它能通过复制功能恢复数据,支持透明加载平衡等。基于图 4-5 提出的存储模型,能由此组织 DCsSM 的四个不同层次:

第一,DCs 本体数据及推理层。

第二,RDF/OWL 加载和 DCs 查询处理层。

第三,DCs 本体数据和概要图。

第四,基于 Oracle NoSQL 的 DCs 存储结构。

4.3.1　DCs 本体数据及推理层

4.3.1.1　DCs 本体数据推理

在这一层,DCs 本体数据层在修剪并由本体推理引擎推理后给出。DCs 推理引擎为所有的 RDF/OWL 数据流负责,据此,所有 DCs 数据都是结构化的并且概念发展得更逻辑化。这一层尝试结合 DCsDL 的表达能力,在 DCsDL 中类可能被定义为一个可参与不同关联的角色上的限制。

DCs 本体推理层(DCs ontology inference layer,DCsOIL)起初试图建立一个相对较小、常见的和良好定义的规则集,然后提出本体文件加载程序,这个程序之后被加载到本体对象的本体数据(OWL/RDF 文件)中,这样为了使可决定且高效的推理支持成为可能,使用本体 API(OWL-API)可以很容易操纵它们。相应的本体预处理器被调用(基于从推理层选择的推理器),这样就能在本体对象中应用重写的算法。预处理完成后,传递给 OWL Reasoner 的本体程序将执行基于知识的一致性测试。图 4-6 给出了推理 DCs 本体数据的算法流程,它显示了控制流从推理层推理出 DCs 数据的能力,即从 DCs 推理引擎到推理 API,利用不同的功能和推理过程对 DCs 本体数据文件进行推理。

每当本体实体之间发生冲突时,必须确保适当的冲突处理程序生成,才能明确冲突是否由 ABox 或 TBox 的推理引擎造成。冲突解决完成后,推理引擎通过推理管理者生成一致性和纯化的本体文件并准备上传到正确的地方。

4.3.1.2　DCs 推理规则

由于 DCsOIL 继承了 RDFS,因此利用其类定义及约束规范机制可以添

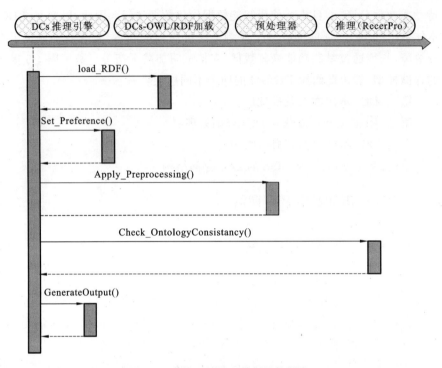

图 4-6　由推理层推理数据的控制流

加诸如基数的东西,这些基数中的类被定义为交集、集合或其他类的补充。类也可以被定义为属性值(某方面的功能)的限制及过渡、对称和逆相关属性。

推理规则捕获空节点的语义。下面给出一些可以应用到本体数据和推理层的推理规则,在规则 2～7 的每一条规则中,字母 A,B,C,X,Y 代表变量被实际表达方式所替换,更正式的说法为,规则 2～7 的实例化是发生在规则的三元组元素变量的替换。

规则 1:同态 $h: \Phi G' \rightarrow \Phi G$

规则 2:子属性

$A, rdfs:subPropertyOf, B \wedge (B, rdfs:subPropertyOf, C) \rightarrow (A, rdfs:subPropertyOf, C)$

规则 3:子类规则

$(A, rdfs:subClassOf, B) \wedge (B, rdfs:subClassOf, C) \rightarrow (A, rdfs:subClassOf, C)$

or

$(A, rdfs:subClassOf, B) \wedge (X, rdf:type, A) \rightarrow (X, rdf:type, B)$

规则 4:领域和范围规则

$(A, rdfs:domain, B) \wedge (X, A, Y) \rightarrow (X, rdf:type, B)$

$$(A,rdfs:range,B) \wedge (X,A,Y) \rightarrow (Y,rdf:type,B)$$

规则 5:隐式的领域和范围

隐式的领域

$$(A,rdfs:domain,B) \wedge (C,subPropertyOf,A) \wedge (X,C,Y) \rightarrow (X,rdf:type,B)$$

隐式的范围

$$(A,rdfs:domain,B) \wedge (C,subPropertyOf,A) \wedge (X,C,Y) \rightarrow (Y,rdf:type,B)$$

规则 6:子属性自反性

Let $\beta sp'$ be a reflexive rdfs:subPropertyOf,

If$(X,A,Y) \rightarrow (A,rdfs:subPropertyOf,A)$,

Then $(A,\beta sp',B) \rightarrow (A,rafs:subPropertyOf,A) \wedge (B,rdfs:subPropertyOf,B)$

If P is a property,

Then $(P,rdfs:subPropertyOf,P)$

For $P \in \{\beta sp,\theta d,\theta r,rdf:type\}$

　　　$A,p,X \rightarrow (A,rdfs:subPropertyOf,A)$

For $P \in \{rdfs:domain \ and \ rdfs:range\}$

规则 7:子类自反性

Let Let $\beta sc'$ be the reflexive rdfs:subClassOf

$(A,\beta sc'B) \rightarrow (A,rdfs:subClassOf,A) \wedge (B,rdfs:subClassOf,B)$

$(X,p,A) \rightarrow (A,rdfs:subClassOf,A)$

　　For $P \in \{rdfs:domain,rdfs:range \ and \ rdf:type\}$

置换后得到新的三元组去除了在谓语为空白结点的变量。

规则 1~7 都是为 RDFs 片段的推理问题而完成的,这些片段由保留字组成,例如 for rdfs:subClassOf, for rdfs:subPropertyOf, for rdfs:domain, for rdfs:range,及 rdf:type;也就是说,它在一个标准的 RDF 规范集中在 RDFs 词汇片段时捕捉其语义。

推理任何 RDF 数据时,都必须采用现有的一个规则或派生一个新规则,基本的规则包括规则头(通常表示为左侧或顺向的规则)和规则主体(表示为右侧或先前的规则)。如果打算申请一个先行词规则并实现它,那么随之而来的规则能被派生为新的事实。许多不同符号的规则存在,例如,规则 3 引入了一个规则的顺向 RDF 子类,这类规则能以这样的方式完成,(C1,rdf:subClassOf,C3) 是(C1,rdf:subClassOf,C2)和(C2,subClassOf,C3)的派生得到的。

这条规则也可以使用 If-Then 算法进行逻辑实现。

```
If (C1,rdf:subClassOf,C2) AND (C2,rdf:subClassOf,C3)
Then (C1,rdf:subClassOf,C3)
```

并且 C1,C2,C3 均为变量。或者可以使用直接的方法来指定 RDF 实体的推断,如下所示:

$$\frac{C1,rdf:subClassOf,C2(C2,rdf:subClassOf,C3)}{C1,rdf:subClassOf,C3}$$

对于规则 3 推理规则定义的实施表明,如果用关系替换 rdfs:subClassOf 的属性,并且用各自的类 A,B,C 替换 C1,C2,C3;那么 rdf:subClassOf 的推理规则关系将自动派生,即

规则 3:　　　$$\frac{(A,\beta sc,B)(B,\beta sc,C)}{(A,\beta sc,C)}$$

这条规则描述的 rdf:subClassOf 的传递特性关系是 RDF 模式和 OWL 本体的推理规则之一。关于命题的概念,我们可以在以下条件下推理规则:

(1) 如果是 RDF 图不提 RDFs 词汇,当且仅当存在一个同态。

(2) 如果是 RDF 图,没有空节点和自反的三倍它们的条件,那么当且仅当可以推导出使用规则。

这些和一些其他规则都在 Jena API 模块中得到应用,它们支持许多可以用来推断 DCs 域下的 RDF 数据文件的 RDF/OWL 问题。同时,推理数据(推论结果)可以查询,或者存储在数据库中。

4.3.1.3　基于 DCs 推断 RDF 数据的特征

在 Oracle NoSQL 数据库中推理 DCs 本体数据的能力可以描述如下:

(1) DCsSM 使用第三方推理者来推理三元组数据/DCs 本体数据。通过使用 Apache Jena API 或 Oracles Jena API Adaptor,以及一系列推理引擎诸如 Racer Pro 和 Pellet 之类可以确定为完整的 OWL-DL 和 DCsDL 推理模型的推论来推理。

(2) DCsSM 为标准现有的系统提供原生的支持。这个数据库引擎已经有一个支持 RDF、RDFs 和 OWL 文件的推理引擎。

(3) 推理层能有效避免推理三元组数量上的激增。为了避免录入数据库中的推理三元组数据数量的增加,有时联合 RDFs/OWL 属性例如 owl:sameAs,owl:disjointWith 等的使用,定制 NoSQL 数据库中的限定继承组织关系来避免 RDF 数据的冗余,减少多余的空白结点,最后排除一些默认的组件。

4.3.2　RDF/OWL 加载和查询处理层

处理和加载大型 DCs 本体数据文件需要复杂的技术以确保 DCs 本体数据正确地被加载到 NoSQL 数据库。批量加载是加载 OWL/RDF 数据到数据库的一个主要技术。批量加载技术在加载 DCs 本体文件到数据库的方法中使用 MapReduce/Hadoop 分布式文件技术 HDFS。

批量加载是加载数据（通常到数据库）到一大块，以及通过数据库外销大量数据的一种方式。加载 DCs 本体数据到数据库涉及句法分析来保证三元组的主体、谓语和对象组件的值对于 RDF 条件和适当的组件是切实有效的。另一个重要且耗时的任务是重复地维护每个 RDF 图集语义的消除。加载有时也可能包括推理。Oracle NoSQL 支持加载不同模式的 RDF/OWL 数据到数据库，例如批量加载技术、并行加载、Batch 加载（批处理）等。

4.3.2.1　RDF/OWL 文件加载技术

加载技术是通过 RDF/OWL 序列化格式到数据库中插入或更新 DCs 本体细节的技术性进程，它在许多可能情况下每行包含三个 RDF 组件（S,P,O）和一个可选的命名图（S,P,O,U）。LOAD 操作从 IRI 中读取 RDF 文档并将其三元组插入图像存储数据库的特定图中。如果需要创建指定的目标图，已实现的部分将为固定图集提供更新服务，这个固定图集在创建一个不被允许的图的请求时将返回错误。如果目标图已存在，那么图中数据将不会删除。加载包含扩展的三元组（可能混有正规三元组）在内的 DCs 本体文件到 Oracle NoSQL 数据库中时，输入文件必须为 N-Quad 类型或 N-Triple 类型的格式。

N-Triple 是不允许三元组扩展的格式。因此，N-Triples 只能包括由三部分组成的三元组。在 N-Triple 中，每个三元组可以表示为＜subject＞＜predicate＞＜object＞格式。

N-Quad 是同时允许正规三元组（三个组件）和扩展三元组（四个组件，包括图的名称）格式。N-Quads 文件中的每个三元组可以有一个可选的背景值：＜subject＞＜predicate＞＜object＞＜context＞。N-Quads 的应用包括：RDF 数据集之间的 RDF 知识库交换，其中可选的背景值＜context＞是第四元，它代表了包含每个语句的命名图的 URI；RDF 文档集合的交换，其中第四元是从该文档最初检索得到的 HTTP URI；以及复杂的 RDF 知识库出版，其中每个语句的原始出处必须保持完整。

4.3.2.2　批量加载技术

批量加载是高度优化的加载技术,DCs 本体数据通过它能使用交互式 API 代理加载到 Oracle NoSQL 数据库中,批量加载操作旁路触发器和完整性检查,很明显,这种媒体数据加载得到的是大量的、高度优化的三元组数据。此处要注意,为了应用这种批量加载方法,必须使用与从源到目标点相同的图式结构,但这只在源系统是默认的情况下是正确的。对于任何数据源,尤其是大型数据,一旦被读取和转移,源数据将发生改变。我们从在线系统上得到的经验表明,大部分时间系统不是在线就是在暂停更新,如果数据加载过程中捕捉到数据更新的精确时间点,那么需要同时记录这个时间点源。

Bulk Loader 在以下情况下能有条不紊地处理进程通知。

第一,几乎没有连接打开:总字节可立即使用。

第二,很多连接打开:按比值增长。

第三,许多连接为广泛变化规模的数据打开:按权重增长。

另外,该批量加载技术同时使用并行和串行处理指定并行度(用于加载操作的线程数),同时在 Oracle NoSQL 数据图中的加载方法时指定 RDF 的批处理文件大小管理在调用。

DCs 本体批处理文件可以使用加载引擎加载到 DCsSM 中,这个加载引擎通常是 NoSQL API Model,它允许 DCs 本体数据文件插入到数据库中。图 4-7 显示了加载 DCs 本体文件到 Oracle NoSQL 数据库的过程。

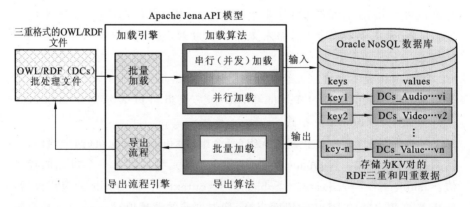

图 4-7　DCs 批处理文件的加载过程

批量加载可以连续进行(使用并发加载)或并行。并发或并行加载是 RDF 图的特征数据加载的优化方案,其中当批内存已满或过程已加载 RDF

文件中所有三元组时,三元组将分批次且负载执行完成。一旦批内存满了,也可以使用多线程技术和连接方法来存储多个三元组到 Oracle NoSQL 数据库,这样,就可以在执行 Oracle NoSQL 数据库的读写(r/w)操作时提高加载性能。

从学术上来说,RDF 图的功能支持加载 RDF 三元组数据到默认的图形或命名在 Oracle NoSQL 数据库的图形。三元组数据存储为了支持数据加载而暴露基于 HTTP 的 API 是很常见的。例如,它能通过 SPARQL 1.1 Uniform Protocol 或 SPARQL 1.1 Update 加载。但由于超时、网络错误等原因,它可能是低效的或很难 POST 非常大的数据集到 HTTP。

因此,如果有任何种类的问题发生在加载操作,那么,唯一的解决方案是允许块数据加载到更小的文件中,并且使用多个工作进程,通过并行 HTTP 请求来提交数据。

DCs 本体数据可以使用两种 NoSQL 数据库方法,以 RDF 图的形式加载到数据库中:

第一,RDF 三元组。可以使用"graph. add(Triple. create())"API 直接且逐渐地插入/添加到数据库。

第二,三元组数据文件。可以使用如"DatasetGraphNoSql. load()" API 的加载技术加载到 Oracle NoSQL 数据库。

因此,使用批量加载技术插入 RDF 图数据到 NoSQL 数据库的输入格式支持 N-Triple 格式和基于 RDF/OWL 文件的 N-Quad 输入格式。加载技术可以表示成以下几种技术模式。

第一,批量加载 API 也接受由一个数据库表或视图(称为临时表)输入的三元组(以前缀扩展词汇形式)。SPARQL 1.1 的 Insert,Update 和 Construct 操作都是必要的,它们使用一个含有目标 RDF 模型名字及三元组的主体、谓词和对象组件作为参数使用的词汇价值的对象类型构造器。

第二,并行加载 API 在并行添加过程中消除任何 DCs 本体数据完全相同批次的来源。当添加大量三元组到一个很大的 RDF 模型中时,虽然在新批次的三元组和预先设置的三元组数据之间的复制品消除可能会很慢,但不知何故,它在为保持数据质量而限制复制数据到数据库中是很有用的。Oracle NoSQL 数据库在语义存储的角落允许使用乐观的方法来消除或减少冗余数据。

第三,空白结点重用:在 RDF 模型和无重用模型中,所有形式的加载都假设空结点标签的重用。

下面给出了 RDF /OWL bulk loading procedure 的算法过程,为了使其过程完整,需要明确的定义数据直接加载到数据库的正确的过程。RDF 数据常常可以使用 SPARQL 查询语言装载在数据库中,使用 W3C 所推荐的更新版本的 SPARQL 1.1 查询语言的例如 SPARQL 更新、构建和插入,这些操作可以在 Apache Jena API 控制模型控制下的 API 代理的帮助下直接更新/加载 RDF 数据到数据库。SPARQL 更新请求由多个更新操作组成,所以在单个请求中,图可以创建、加载及修改 RDF 数据。

在四元组数据(N-Quads)中,变量在 SPARQL 1.1 更新时插入数据请求操作是不被允许的。也就是说,插入数据语句只允许插入 ground 的 RDF 数据的三元组语句。

Algorithm: RDF /OWL bulk loading procedure

Input: RDF/OWL dataset, class-set C and Property-set P

Output: RDF/OWL data into database

Begin

1. Read RDF/OWL file, &check the consistence and completeness

2. If not consistencies;

3.   Return false Then close the files (stop);

4. Extract RDF/OWL data;

5. Classify the data according to the meaning of RDF/OWL data, & get the Classifier RDF/OWL_Dataclassify(RDF/OWL Date);

6. If Object_mapping is true

7.   RDF/OWL_Dataclassified←CreateMappingObject(RDF/OWL_Mapper);

8. Load RDF/OWL data file;

   // Create a table for the unnamed classes and keep in mind that the data type properties should be

   // mapped into the data types of Database.

9. Create Table;

End

四元组数据中的空白结点都被假定和图存储中的空白结点不相交。如果数据要插入的图不在图存储中,那么将创建这个图(在指定图集上提供一个更新服务,且这种情况下,必须提出对为指定图集插入数据的更新请求。如果请求成功则可以创建;否则不能创建,将返回失败)。

　　这些重要类大都必须使用一种以下功能的 Jena API 加载 RDF 图数据到数据库。

　　第一，GraphStoreFactory：图库是被更新的图形的容器，它能打包 RDF 数据集。

　　第二，UpdateRequest：要执行的更新列表。

　　第三，UpdateFactory：通过解析字符串或解析文件的内容创建 UpdateRequest 对象。

　　第四，UpdateAction：执行更新。

　　从这些功能中可以知晓 DCs 本体数据集通过使用如图 4-8、图 4-9、图 4-10 的三个基本步骤分别实现直接加载到 NoSQL 数据库的整个过程。其中给出的功能块都是基于 Java、采用 SPARQL 查询操作连接的 Jena API 的应用。

```
Dataset ds=…
    :
GraphStore graphStore=GraphStoreFactory.create(ds) ;
UpdateAction.readExecute("update.ru",graphStore) ;
```

图 4-8　SPARQL 使用更新请求作为文件脚本的执行过程

```
Dataset ds=…
    :
GraphStore graphStore=GraphStoreFactory.create(ds) ;
UpdateAction.parseExecute(("DROP ALL",graphStore) ;
```

图 4-9　SPARQL 使用更新请求作为字符串的执行过程

```
UpdateRequest request=UpdateFactory.create() ;
request.add("DROP ALL")
  .add("CREATE GRAPH<http://example/g2>")
  .add("LOAD<file:etc/update- data.ttl>INTO< http://example/g2>") ;
// And perform the operations.
UpdateAction.execute(request,graphStore) ;
```

图 4-10　应用作者可以创建和执行操作

　　所有给定添加的程序还必须是一个包含前缀声明的拥有完整结构的 SPARQL 查询操作，下面给出的算法提供了深入的结构和在数据库中使用

RDF 数据集文件格式加载 DCs 本体数据的过程。RDF 数据集定义为含有类集 C 和属性集 P。

　　基于本书提出的 DCsSM，如果打算在批量加载模块中具体地使用并行加载技术，必须完成算法 RDF/OWL bulk loading procedure 给定的功能，这样就可以测量平行度和 RDF 数据集的批量大小的程度。这种情况下，必须分别控制并行度的输入参数（iDOP）和 RDF 文件的批量大小的输入参数（iBatchSize）。

Algorithm:RDF / OWL data loaded into Oracle NoSQL

Input:RDF/OWL dataset,class- set C and Property- set P

Output:RDF/OWL data into database

Begin

　1. Let Φ_{RDF-t} (S,P,O) be a Temporarily Table // Φ_{RDF-t} is RDF triple;

　2. Parse and BulkLoad into (S,P,O);

　3. Insert into (S,P,O)←Select S,P,O From (S,P,O);

　4. **For** each class $ c ∈ C **do**

　5. 　Insert into $ c(i)←Select S From Triple Where P='rdf:type' and O= '$ c';

　6. 　Insert into $ c Subject (S,P,O)←(Select S,P,O from Triple,$ c' Where S='i');

　7. 　Insert into $ c Object (S,P,O)←(Select S,P,O from Triple,$ c' Where O='i');

　8. **End For**

　9. **For** each Property $ P ∈ P do

　10. 　Insert into $ P (S,O)←Select S,O from Triple Where P='$ P';

　11. **End For**

　12. Delete all Tuples from;

End

　　图 4-11 确定了 DCs 本体数据文件通过 RDF 序列化数据集加载到 Oracle NoSQL 数据库的加载参数。指定 RDF 数据大小的 iBatchSize 文件和确定并行度的 iDOP 文件也都在相同的执行代码中给出了，代码在 Jena API 服务协议下的 Java 应用平台实现，它也使用 NoSQL 数据库下的 SPARQL 查询模块实现。

```
//First Load RDF data files from local location into the Oracle NoSQL Database
DatasetGraphNoSql.load("example.owl",Lang.NQUADS,conn,"http://example.org",
iBatchSize,//batch size
iDOP); //degree of parallelism
// then Create dataset from Oracle NoSQL datasetgraph to execute
Dataset ds= DatasetImpl.wrap(datasetGraph);
String szQuery="select*where {graph?g {?s?p?o}}";//execute SPARQL query
System.out.println("Execute query "+szQuery);
```

图 4-11　使用并行处理加载文件到数据库的过程

图 4-11 概述了使用并行加载技术(多线程)加载 RDF/OWL 数据文件到 NoSQL 数据库的要点。使用并行加载时,必须指定表示为 iDOP(它是一些用于加载 RDF 数据文件的线程)的并行度,同时必须使用 iBatchSize(作为对每个线程管理的三元组的批量大小的设置)。该示例还查询所有存储在 Oracle NoSQL 数据库中的四元组。

以 i 表示并行度,iBatchSize 表示 RDF/OWL 文件的批量大小,n 表示加载已经加载到数据库的 RDF/OWL 线程文件数量的并行度。通过对三元组加载到数据库的加载性能的推导,我们可以完成图 4-11 的加载模块,得到公式(4-4)。

$$\delta d_i = \sum_j^n \delta d_{ij} \qquad (4\text{-}4)$$

RDF/OWL 文件的第 i 个顺序执行的命令的数据大小等于 RDF/OWL 数据 δd_i 在给定结果上的并行度。

这种表示方法意味着数据排列在包含每个载荷条件作为一列及按数据库的特定按键来发送每个迭代器的表格中,因此将数据加载到数据库中的序列将主要取决于 DCs 本体模型拥有的三元组模式的数量,因为每个 RDF 文件有不同大小的三元组数据,并且它们在本体领域结构的复杂性上也不同(见表 4-1)。

表 4-1　载荷条件

	Condition1	Conditions… 2	…	Conditions… k
Loading…DCs. 1			…	
Loading …DCs. 2			…	
⋮	⋮	⋮	⋮	⋮

续表

	Condition1	Conditions ··· 2	···	Conditions ··· k
Loading··· DCs. n	$\delta DC_{s,1n}$	$\delta DC_{s,2n}$	···	$\delta DC_{s,kn}$
	$\delta DC_{s,1} = \sum\limits_{j}^{n} \delta DC_{s,1j}$	$\delta DC_{s,2} = \sum\limits_{j}^{n} \delta DC_{s,2j}$	···	$\delta DC_{s,k} = \sum\limits_{j}^{n} \delta DC_{s,kj}$

另一方面,并行化方法也能改善任何加载 RDF 数据到数据库的过程。因为 RDF 图是一个没有添加语句到存储器的排序标准的三元组集。这意味着,它通常可以划分 RDF 数据为多个小文件或数据块,通过并行 POST 请求加载。

这种方法只有在 RDF 数据作为 N-Triples、N-Quads 或 JSON 格式可用时效果才很好,因为数据的分块可以通过三元组文件中线的数量的简单划分来实现。而 JSON 文件格式的情况是因为 Oracle NoSQL 数据库新发布的版本不仅支持 JSON 文件直接加载到数据库,而且支持使用关键值模型来定义主键以及 RDF 数据的值。

考虑表 4-2 预装到 Oracle NoSQL 数据库的 DCs 本体数据可容纳从不同领域来的信息,在那里所有的信息都保存为一个键和一个值(主要是一个 JSON 对象)。所有定义在 JSON 文件中的不同实体的键都是以独特字符串作为主键第一部分的前缀。

表 4-2　加载 JSON 文件的关键值图式框架

Major-key1	Major-key2	Value
Key11	Key21	JSON-files···v1
Key12	Key22	JSON-flies···v2

该方法仍然使用 RDF/XML 或前缀的三元组文件或其他语法,但没有用 RDF/OWL 的语法。对加载三元组和四元组方法有一点需要注意,那就是数据包含了太多空白结点的情况。因此,所有关于一个单一空白节点在同一批处理中提交的语句都非常重要,应该避免使用空白节点或基于每个资源的有界描述来分割文件。

4.3.3　DCsSM 的存储结构

因为 Oracle NoSQL 模型已经在分布式和持久存储模型的独立性上建立了支持,所以本书提出的 DCsSM 具有处理大量 RDF 数据的能力。由于实际应用中的语义数据模型的分散,Oracle NoSQL 数据库解决方案使用属性图和空间矢量及 Hadoop 技术覆盖了大型数据库的不同问题。

Oracle NoSQL 数据库模型中可用的 HDFS 技术可以用来减少技术错误,以及提高数据访问性能和通过系统模型的数据采集性能。技术层面上,Oracle NoSQL 存储模型与分布式存储、原生 RDF 存储在查询次数方面相互竞争。相对简单的 SPARQL 查询例如分布式查找,可以在这样的系统甚至更大的集群及大数据集中有效执行。

4.3.3.1　基于 DCsSM 框架技术

DCsSM 支持 DCs 本体数据的三元组模型存储和 RDF 图的四元组模型存储,DCsSM 有能力在不转化成其他架构模型的情况下以键值对的方式存储数据到三元组(S,P,O)和四元组(S,P,O,U)中,例如,关系数据库模型中发生了什么,使得该系统在 RDF 数据存储方面更有效和可靠。在 DCsSM 中使用某些技术或程序以确保 RDF/OWL 数据一致性将在后文提到。

首先,为了 RDF 图数据的键值对可以简单分离,必须添加前缀实体,这些实体对所有以 RDF 关联数据形式插入到 Oracle NoSQL 数据库的键值对都是可定制的。

其次,该模型系统是以任何重复条目都将自动从数据库存储中删除的方式设计的。因此,任何重复的三元组和四元组数据(RDF/OWL-data)都不能存储到数据库中。

最后,提供对空白节点的支持,因为空白节点是 RDF 模型的一部分。我们的存储模型的构造是设计用来处理三种类型的数据,通过加载模块而来的数据、来自推理模块的数据及来自 SPARQL 引擎的数据。

图 4-12 中的所有过程都取决于以 Jena API 为核心的功能去简化 RDF 数据的移动及数据和 DCsSM 之间的连接桥梁。图 4-12 代表的 DCsSM 倾向于处理 RDF/OWL 数据流程,以及 RDF 数据与数据库引擎之间的连接关系。

因此,本书提出的 DCsSM 是一个典型的持久性存储模型,能克服内存存储模型的困难。虽然在内存中存储 Jena 更有用,但是它也有一些缺陷需要我们去消除并集中到持久性存储模型(Oracle NoSQL)中,如果选择使用内存中的存储,我们将面对下面所提到的一些常见缺陷。

第一,每次应用程序启动时,RDF 模型都必须从零开始重新填充,这种方式使它需要较长的启动时间。

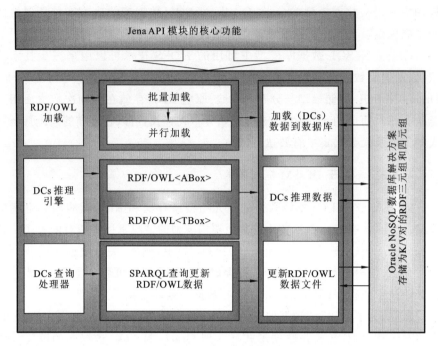

图 4-12　DCsSM 的构造和框架

第二,当应用程序关闭时,内存模型中作出的任何变化都将丢失。

第三,当开始处理支持百万计 RDF 数据及多系统相互作用的大型模型时,基于存储器模块的应用程序规模不会变大。

因此,我们在 DCsSM 上的解决方案是:将 DCs 本体数据存储到一个 Oracle NoSQL 的持久性模型中,然后使用拥有连续性和透明的持久性存储的 DCs 本体模型。通过这种解决方案,无论应用程序是否在使用 DCs 本体数据,文件都将保留在 DCsSM 中;用户和应用程序可以在不加载模型到内存的情况下,通过 Apache Jena API 访问 DCs 本体数据。

4.3.3.2　DCsSM 中 Jena API 的影响

存储模型中,我们使用 Jena 作为一个 SPARQL 查询引擎来和 NoSQL 数据库交互。Jena API 代表了一个通过树的迭代器生成的查询计划。迭代器对应于树上的叶子,使用 NoSQL 数据层解决三元组模式例如(S,O,P),通过 Jena 适配器的 SPARQL 查询得以使用本地 Oracle NoSQL 数据库的预测变量功能。这些查询和功能都在数据库内部执行。

Jena API 框架全面支持多种语义 Web 的应用和发展。它拥有很多使其在语义 Web 应用程序中成为一个唯一且特殊的符号的 API 运行能力。基于研究的重点,可以推出一些为创建、操作、浏览、读、写及查询 RDF 数据提供不同方法的核心模型 API。一些常见的支持 API 到 Jena 的模块如下:

(1) RDF API。

(2) 可作为 RDFS API 使用的 OWL API。

(3) RDF/XML、N3,以及 N-Triples 格式的读写 RDF。

(4) 存储器和持久性 RDF 存储模型。

(5) SPARQL 查询引擎。

(6) 基于规则的推理引擎。

这些都是根据图 4-13 所代表的研究要点中提到的 Jena API 所支持的小 API。在这点上,Jena API 拥有它自己内在的推理模块,模块支持 RDF/OWL 文件的推理如下:

第一,Jena's RDFS 推理机。Jena's RDFS 推理机支持大多数由 RDFS 标准描述的 RDFS 转换。

第二,Jena's OWL 推理机。Jena's OWL 推理机是 Jena 提供的第二大推理机集。这个集合包括一个默认的 OWL 推理机和两个小/更快的配置。每个配置都是为了一个健全的 OWL Full 子集的实现,但这两个配置都没有完成。

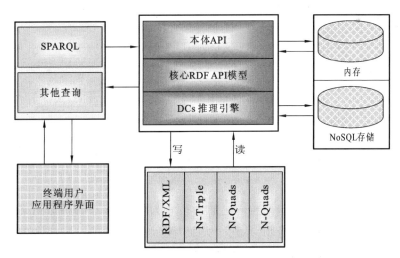

图 4-13 Jena API 模块中 Jena API 模块支持的活动

为了使用完整的 OWL 推理机,可以像前文所描述的使用一个如 Pellet 和 RacerPro 的执行推理机。

Jena API 是本书提出的模型框架的核心模块,所有主要活动和存储模型的子功能包括访问、读写 RDF/OWL 文件、通过导入或导出来自持久性存储模型的 RDF 数据来加载它们、推理等操作都取决于 Jena API。Jena 基于 Java 编程语言并且有良好的社会支持。

4.3.4　复杂数据模型框架的 KV 存储结构

DCsSM 的结构简单使用 Oracle NoSQL 数据库建立了一套内部关键值存储结构(KV),它是使用包含键存储本体数据的最简单的存储体系结构之一。包含键可以分成最大键和最小键。最大键看起来像一个对象指针,而最小键可看成是记录中的字段。它使用预设的最小键和最大键来存储 DCs 本体数据(三元组数据和四元组数据)。

图 4-14 给出了对应的 RDF 图在使用键值存储体系结构的 Oracle NoSQL 数据库中最大键、最小键和值的不同的表示,其中最大键反映了三元组数据的主体,最小键作为谓词,值代表三元组语句所对应的实例/对象。NoSQL 数据库键值存储(KVS)拥有一个简单的数据模型,它允许客户使用键值来存储数据库中的数据到数据字典和请求中。在键值存储结构中,每个键所对应的值必须是唯一提供明确定义的值。有时候我们说,这个键和主键在访问使用上对传统关系数据库模型具有相同的影响。由于键值存储常常使用主键访问,DCsSM 存储结构能够很容易按比例增加性能。

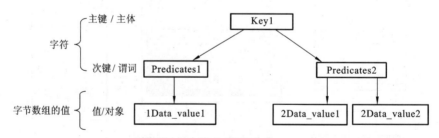

图 4-14　Oracle NoSQL 数据库键值存储结构

主键本身可以拥有指向相同记录中不同域的子键。子键可以用来添加更多数据域到已存在的记录中,从这个方面看它是很有利的。虽然你并不确定想对这些数据如何操作,但是你知道想保存和分析它。

一般来说,键值存储结构的实质是存储结构很大程度上受到主要用于数据库指标的 B+树的影响。可以用键存储 RDF 数据,把它们的值存储在 B+树结构中,值便可以使用键来有效地检索。在 B+树中,没有孩子的 RDF 结

点叫做叶子结点,而其他结点叫做内部结点。结果表明,本书所提出的
DCsSM 和 B+树存储结构具有相同的存储结构,不同的是,DCsSM 中结点为
最大键、最小键,而 B+树中结点为二元数组的键的值。使用存储的数据,键
值存储的构建无需昂贵的结点分割。

4.3.4.1　KV 存储说明

现在假设键值存储有两个关键参数,用 k 代表最大键,$k_α$ 代表最小键,其
中参数 k 决定了内部节点 N 中键的数量,而 $k_α$ 决定了叶子结点 N_L(在最低
层)中键值对的数量。使用两个参数 k 和 $k_α$ 增加了反映在更高空间上叶子结
点的值的额外存储消耗的复杂性。有几点说明如下:

第一,从最大键到最小键,除存储数据的值外,所有节点必须至少含有一
个键,最多含有 2×k 个键。大键的子键在根结点的键值存储只包含大于、等
于和小于键。极端情况下所有大键的子键在根节点的值存储必须等于或小于
1,而大键的内部结点对于它的子结点也被称为父(内部)结点。

第二,我们也定义 KV 存储的所有叶子结点(除根节点)包含至少 $KV\_k_α$
个、最多 $2×KV\_k_α$ 个键值对。$(KV\_k1,KV\_v1),\cdots,(KV\_kj,KV\_vj)$,$KV\_vi$
代表一个键,KV_vi 表示它的 RDF 数据的二元数组值,有 $KV\_k1 < KV\_k2$
$<,\cdots,< KV\_kj-1 < KV\_kj$。此外,叶子的链由每片叶子的指针实现(除了
链中最后一片叶子),其中指针指向链中的下一片叶子。

(3) 如果所有键值对只适用于一片叶子,那么 KV 存储的根节点要么是
有 $0\sim2 KV×\_k_α$ 个键值对的叶子,要么是一个至少一个键(和两个孩子)最多
$2×KV\_k$ 个键(和 $2×KV\_k+1$ 个孩子)的内部结点。

4.3.4.2　KV 推论

推论 1:如果根节点没有任何叶子,首先应该确定存储着键值对数量的键
值数据树的最大高度。如果 KV 存储结构中的结点都"最可能为空",也就是
说,所有 KV 存储内部结点有最少的孩子结点及叶子结点包含最少数量的键
值对的情况,那么一个给定数量的键值对的 KV 存储的高度会变得最大。因
此,存储在这样的给定高度 h 的 KV 存储结构的键值对的最少数量是通过计
算这种情况下 KV 存储的最少键值数量得到的。

$$∂p_{min} = 2×(KV\_k+1)×KV\_k_α \tag{4-5}$$

作为一个高度为 h 的 KV 存储能存超过 $∂p_{min}$ 键值对,当 $∂p_{min}≤N_β$,从而

$$h ≤ \log_{KV\_k+1}\frac{N_β}{2*KV\_k_α}+1 \tag{4-6}$$

推论 2:决定了 KV 存储结构的最低高度。如果 KV 存储结构中的结点都"充满",也就是说,所有 KV 存储内部结点有最多的孩子结点及叶子结点包含最大数量的键值对的情况,那么一个给定数量的键值对的 KV 存储的高度会变得最小。这是当根节点和每个内部结点一样有 $2 \times KV_{-k} + 1$ 个主键结点的孩子且叶子结点有 $2 \times KV_{-k\alpha}$ 个小键值对时的情况。因此,存储在这样给定高度 h 的 KV 树中的最大键值对数量是通过计算这种情况下键值对的最大数量得到的。

$$\partial p_{max} = (2 \times KV_{-k} + 1) h \times KV_{-k} \alpha \qquad (4\text{-}7)$$

表示作为高度为 h 的 KV 存储能存储少于 ∂p_{max} 个键值对,当有 $\partial p_{max} \geqslant N_{\beta}$ 时,有

$$h \geqslant \log_{2 * KV_{-k} + 1} (N_{\beta} / KV_{-k} \alpha) \qquad (4\text{-}8)$$

因此,有

$$\log_{2 \times k + 1} (N_{\beta} / KV_{-k} \alpha) \leqslant h \leqslant \log_{KV_{-k} + 1} (N_{\beta} / (2 \times KV_{-k} \alpha)) + 1$$

在这种自平衡方式下,KV 存储的高度常常和存储的键值对数量成对数关系。

4.3.5　Oracle NoSQL 数据库中的 DCs 数据

Oracle NoSQL 数据库解决方案是典型的基于 Java 的键值存储数据库,这种解决方案支持在数据库中使用二元组 JSON、RDF/XML、XML 等格式实现的值抽象层。它并不在意什么存储在键的值部分,因为键结构是以这样的方式为简化大规模分布式和基于范围搜索和检索的本地存储而设计的。这种实施独特的支持集群的负载均衡的建设是从事务的 ACID 特性(原子性 atomicity、一致性 consistency、隔离性 isolation 和持久性 durability)到最终一致性(eventually consistent)的全方位的事务语义。

Oracle NoSQL 和 RDF 数据让我们不需要定义数据库模式或创建三元组数据和 Oracle NoSQL 数据库层之间的映射层,主要的工作是创建一个键连接到数据库,数据库也接受并不考虑太多数据的内容。

对于语义数据模型,DCs 本体数据对数据库的存储和检索需要一种恰当的定义和一致性更好的语义模型。Oracle NoSQL 数据库支持语义数据模型,这意味着语义数据结构的表示形式能有效代表使用 DLG。大体上说,Oracle NoSQL 数据库中 DCs 本体数据的表示形式和其他数据库中的资源没什么不同,除了对象可能常常涉及数据的值的三元组数据的额外最小概念。这是由于在数据库中使用键值模式来表示 RDF 数据结构的数据库的结构造成的。

因此,Oracle NoSQL 数据库能够存储 RDF/OWL 图数据(三元组或四元组),每个 RDF/OWL 图数据在 Oracle NoSQL 数据库中作为一个三元组集或四元组集来管理,作为键值对来存储和编码。由于它结合 Oracle 和 NoSQL,所以 Oracle NoSQL 能提供一种完美演变的三元组存储数据库。虽然 Oracle NoSQL 在现代本体数据库(持久性存储)中诞生得很晚,但是它已经是提高存储本体数据文件,以及无论是简单还是复杂格式的更大数据文件的可扩展性和性能的重要技术之一。此外,Oracle NoSQL 数据库结构使用存储数据模型的键值对通过 Oracle Jena API 或通过客户查询端例如 Joseki、Fuseki 等来回应 SPARQL 查询。特别的,每个 SPARQL 查询类型转化为一个 Jena multi-get API 由此产生的键值对都和来自其他查询类型的键值对结合,从而为客户形成一个最终的结果集。来自数据库的结果集可能与客户端不相同,这是由于输出数据集的多结构造成的。本书提出的 DCsSM 是为提供三种不同输出结果集而设计的,它们分别是 XML/RDF 格式、JSON 格式和 RDF 图格式。它仅取决于终端用户查询过程中的选择。图 4-15 概述了 NoSQL 数据库框架中 RDF 数据的应用结构。

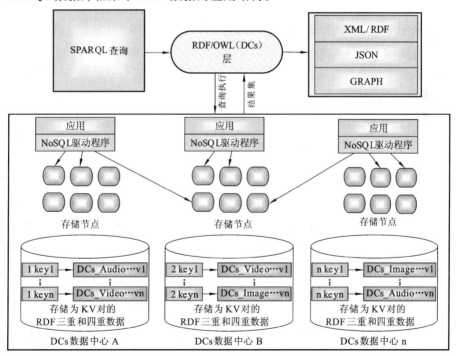

图 4-15 Oracle NoSQL 的 DCs 应用结点框架

以下要求适用于 URI 的规格和数据库中语义数据的存储：

(1) 主体必须总是作为 URI 或空白结点保留。

(2) 属性也必须作为 URI 保留。

(3) 不同于主体和属性，客体可以是任何形式，例如 URI、空白节点或文字(然而，我们不能使用空值和空字符串，根据我们提出的模型，它们完全不受支持)。

有一点是共同的，所有的语义数据都存储在 Oracle NoSQL 数据库中，一个三元组语句{主体，谓词，客体}被看成是一个数据库对象。所以，在多数据库对象中，单个文档包含多个三元组结果。

4.3.5.1　RDF 语句的表示方法

在 Oracle NoSQL 数据库中，传统的 RDF 语句完全被分成三元组类型：三元组形式是(S,P,O)，其中 S 表示主体，P 表示谓词，O 表示对象。通常把 RDF 对象描述成值，这一方面是由于 Oracle NoSQL 数据库的结构模型将对象表示成二元数组的值进行编码；另一方面，每个 RDF 三元组在特定领域被表示成一个完整且独特的事实，这个领域可以通过在 DLG 模型中使用 URI 链接来表示。NoSQL 键值数据库也支持 RDF 四元组(N-Quads)，它和 N-Triple 的表示形式相同，这个唯一的添加值是实体图命名的使用，而在三元组数据中它表示查询图类型的 URI。我们希望四元组通过允许一个可选的 RDF 命名图例如<subject,predicate,object,graph>来延伸出三元组。每一个三元组部件或四元组部件必须是一个 RDF 术语。RDF 术语包括三种类型：国际化资源标记符(IRI)、空白节点和文字。

RDF 中的 IRI 如 N3，查询语言中的 IRI 如 SPARQL 通常用<和>封闭，例如：<http://www.KVexample.org>。RDF 存储能从以边缘节点连接键值对的功能中获益，在 Oracle NoSQL 数据库(KV 存储)的 RDF 数据模型中，存储文本值的表格也可以以 URI 或文字的格式存储文本值，它使用三行分别存储三个信息(S,P,O)，每个三元组中的每一部分被称为 RDF_VALUE$。

文字值例如字符串、数值、语言的标记值或用户定义数据类型的值，在符号 N3 和 SPARQL 中"text"定义了简单的文字文本。键入的文字都是含有它数据类型的进一步信息的文字。例如："text"~<http://www.w3.org/2001/XMLSchema#string>是键入的文字，其中"text"是和 XML 模式数据类型字符串一起输入的，它相当于简单的文字"text"。使用前缀，例如：xsd 对于

http://www.w3.org/2001/XMLSchema♯,输入的文字可以简写成"text"^^ xsd:string。

4.3.5.2　RDF 主体和客体

发现 Oracle NoSQL 数据库如何在 RDF 数据的主体和客体/对象之间服务是很有趣的事情,最简单的办法是允许 Oracle 的 RDF 数据模型中的三元组数据的主体和客体合并或者在简单的语义术语中被映射到结点。客体通常指的是一个由谓词映射到主体的属性值,可以是 RDF 的 URI 引用、RDF 文字或空白结点。如果对象是空白结点,它作为一个父属性封装一组子属性。含有 KV 存储技术的 Oracle NoSQL 数据库的结构提供作为 NODE_ID 列而出名的特殊的列,它有一个独特的 ID,在关系数据库中作为主键的列和 RDF_ VALUE$表中的 VALUE_ID 一样。

4.3.5.3　空白结点

表的 URI 资源也被叫做匿名 URI 资源。根据 RDF 标准,空白节点只能作为三元组的主体或对象使用。

RDF 中,三元组可能含有未知主体结点和未知对象结点。在一个 RDF 图中,空白节点能扮演两个连续的角色。它可以是 RDF 语句的对象,也可以是同一 RDF 图中另一个语句的主体。因此,在 RDF 图中,我们可以给父属性的子属性分组,只是因为都被用来代表未知结点。当主体结点和对象结点的关系是 n-ary 时,也是用空白节点。在 Oracle NoSQL 数据库中,对于 RDF 数据模型,当每个空白节点在 RDF 三元组图中遇到时,将制造一个新的条目。默认情况下,如果两个空白结点没有对应两个不同的对象,那么将映射到同一个网络节点上。然而用户有权选择在模型中是否重用特定的空白节点,如果用户选择在模型中重用空白节点,那么空白节点表中将新建一个条目。空白节点和 IRIs 和文字不相交,否则可能的空白结点集是任意的。这意味着空白节点在 RDF 抽象语法中没有标识,而完全依赖于具体语法或实现。空白节点标识上如果有语法限制,也依赖于具体的 RDF 语法或实现。一些具体的语法介绍的空白结点标识符只有局部范围适用且是纯粹的人工的序列化。

4.3.5.4　RDF 谓词(属性)

资源描述框架(RDF)的谓词是 RDF 语句的第二部分,它定义了语句中主

体的属性。不同于主体和客体,谓词必须始终是统一资源标识符。谓词建立
了主体和客体之间的关系并且使客体的值成为主体的特征,这也使得 RDF 解
析器直观地连接 RDF 图中的主体和客体。RDF 谓词是用相同关系连接 RDF
图的资源,由谓词表示。这个对应于 RDF 三元组的语句称为 RDF 语句。谓
词本身是一个 IRI 且表示了一个谓词,也就是说,可以认为是一个二元关系
资源。

在一个属性图中,例如,在含有 KV 结构的 Oracle NoSQL 数据库中,单
个三元组语句的每个点都以独特的标识符(在图中唯一)标识,连接一个源点
和另一个点的边使用独特标识符标识且用字符串标注,顶点或边也可以被键
值属性的集合相关联。

4.3.5.5　数据库和简单操作

Oracle NoSQL 数据库在每个数据库引擎中提供一些主键访问方法(增、
查、删)。Oracle NoSQL 数据库有趣的部分是不仅支持直接从 SPARQL 查
询终端或通过 JENA API 查询,也支持在关系数据库中通过使用 SQL 查询作
为外部表来进行 SQL 查询访问的传统查询。Oracle NoSQL 数据库能集成并
且可以分担 Hadoop 环境下的 MapReduce 操作。

本章,针对 DCs 数据的特点及存储本体语义数据的现存问题,提出了
DCs 存储模型结构(DCsSM),它基于 Oracle NoSQL 数据库,使用键值存储模
式,其中数据按照从大到小以键值的文字值的二元数组存储。这个模型可以
同时支持 RDF 文件格式的三元组和四元组,并且可以在 JSON 模型中保存
DCs 数据。同时,我们还讨论了负载层到 DCsSM 的扩展和继承机制,并把批
量加载和并行同时使用到加载 DCs 本体文件到数据库中;DCsSM 中的附加
负载层可以看成是提交大型 RDF 文件到数据库,以及可以通过使用 B+树来
定义与评估 DCs 数据的键值对模式性能的一种解决方案。

5 数字内容数据的访问模型

在基于本体的数据访问模型（DCsAM）的设计过程中，OntoBDAM 扮演了一个重要的角色，它提供了一个访问机制来加强对数据库中 DCs 本体数据的简单访问。此外，DCsAM 也提供了对数据库中 DCs 数据的丰富访问权限和认证方法。DCsAM 可以区分管理员和用户的访问权限，数据库管理员可以根据运行的应用程序的性质，从客户端应用程序方面或直接从数据库方面创建某些策略。

然而，本体库中的新兴技术促使一些数据库开发者采用了很多传统数据库系统中的访问策略，这些策略大部分都继承自关系型数据库。这种采用或者借用其他存储系统中的访问策略的趋势在本体和数据库中创建了一个不必要的层。大部分新兴的本体库缺少独立的访问模型，用于提供或者区分用户和管理员之间，或者是数据库本身之间相互的访问权限。

本章利用本体论和增加一个用户策略创建层对 DCs 的访问层进行改进，这是本研究的一个贡献，其目的是增加 DCs 数据安全性及提高针对 DCs 本体数据的查询性能。

我们提供了丰富的用户访问策略组织成 DCsAM 访问层，并且完善了访问查询重写层。DCsAM 拥有一个额外的安全层，从而能限制未经授权用户对存储数据的访问，同时，DCsAM 与查询模块相关联，以提高 DCs 本体数据的查询和访问性能。DCsAM 使用形式化技术表明可能的解决方法，用于通过 Oracle NoSQL 数据库访问 DCs 数据，这种方法具有很高的查询重写性能，因为它略过了用户接入 DCs 数据时的用户接入策略。

5.1 基于本体的数据访问模型 DCsAM

现在有很多技术能够实现接入本体数据，其中很多都是基于角色和安全控制的。本书中采用两种不同的基于本体的访问实现。这两种本体数据的访问模型分别是基于本体的数据访问模型和基于规则的访问控制模型。

DCs 数据访问是指用户访问的能力或从数据库中检索 DCs 本体数据的能力。获取对数据库系统和存储数据的访问的用户,能够检索、移动或操作数据,这些数据可以存储在本地或远程的广泛的硬盘和外部设备上。DCsAM 的目标是使用本体来调解对 DCs 数据源的访问,这些数据源提供一个关键的要点在语义网络的查询响应中。DCsAM 也可以用来丰富数据模型,在这个过程中使用额外的符号用于查询。正常情况下,用户为了获取数据访问,包括编辑、更新和检索 DCs 数据,需要拥有来自于 DCsAM 访问层的访问权限。

现在访问本体数据的技术中很多都是基于角色和安全控制。本研究发现两种类型的基于本体的访问方法,分别是基于本体的数据访问模型和基于角色的访问控制模型(role-based access control model,RBACM)。

本书采用支持更多用户的访问策略和查询重写引擎改进 RBACM,这样可以提高 DCs 本体数据的访问性能。改进的查询——基于规则的访问控制模型(query for rule-based access control model,Q-RBACM)可以实现成键值对(KV)的 Oracle NoSQL 数据库,形成单一的 DCsAM。在 DCsAM 中,数据访问过程用两种不同的方法执行。第一个方法是在常规访问存储数据时由在 Java 应用程序平台下使用服务器 Jena 编程接口执行,这个平台允许应用程序的开发人员使用 NoSQL 数据库驱动程序进行交互,并与 NoSQL 数据库进行存储通讯。此外,管理权限政策通过使用命令行界面或是一个基于浏览器的图形用户界面执行。系统管理员使用这些接口来执行一些 Oracle NoSQL 数据库必要的管理操作。除此之外,本体构成基于本体的数据访问(OntoBDAM)方法的基础,它允许用户无需掌握 DCs 数据是如何组织的专门知识,就可以访问不同来源的 DCs 数据,用户可以直接与 DCs 本体数据进行交互,查询 DCs 本体数据,这些 DCs 本体数据与实际数据通过适当的映射连接。

5.1.1　基于本体的数据访问模型架构

OntoBDAM 架构可以解决 DCs 数据集成的问题,更广泛地提供一个 DCs 的领域的复杂结构访问机制。OntoBDAM 方法以三个组件为基础。

(1) DCs 数据层。这是一个外部的独立数据层,由单一或者联合的数据库组成,或是由一组可能是分布式和异构的数据源组成(本章中也称为基于本体的数据集）。

（2）DCs 本体层或概念层。应用程序的概念模型用于表达用户请求。概念模型由本体表示，通常在适当的描述逻辑中形式化，用户请求表示为本体的查询。

（3）DCs 映射层。这是 DCs 数据层和 DCs 概念层之间的映射。DCs 概念模型和数据源之间的映射是通过映射断言形式化，基于适当的逻辑语言，但也可能包括额外的逻辑功能进行数据操作。

OntoBDAM 系统的目的是响应用户查询，通过将用户查询转换为适当的数据层的查询，使用本体和映射为用户提供包含在内的数据的概念表示、可能性推理和数据访问。图 5-1 表示在基本架构模型中 OntoBDAM 层分割。

OntoBDAM-Enabled 系统作为核心组件在查询模块，其中，OntoBDAM-Enabled 系统执行推理和查询任务，而数据管理工作应该由 DBMS 完成，而不是 OntoBDAM 系统。

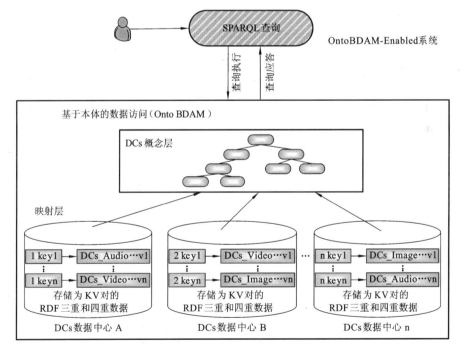

图 5-1　基于本体的数据访问模型的架构

OntoBDAM 应用程序以本体为一个统一的访问入口,并且为了处理更复杂的查询,把本体推理技术引入到对用户的查询响应。此外,它确保从语义上对用户的查询权限进行响应。

因此,对基于本体的数据访问是指两个领域的信息技术,即数据集成和数据访问,它们主要关心服务(例如查询服务和本体数据的一致性检查服务)和数据源的类型和数量。接下来,将给出 OntoBDAM 的形式化表示。

5.1.2　基于本体的数据访问模型的形式化表示

对于 DCs 本体数据的访问,我们确定采用逻辑,并在数据库技术中描述这种逻辑。对于本体类的逻辑已经成为语义网络的一组关键标准。

因此,基于本体的数据访问 OntoBDAM 通常被定义为如下的三元组

$$\Phi_{RDF-t} = (T, S, M^p) \tag{5-1}$$

其中,T 代表 DCs 本体领域的内部级别,因为 DCsDL 代表了 DCs 数据的逻辑表达模型,T 也可能被视为 DCsDL 的家庭成员 TBox。S 被定义为数据库的联合来源,M^p 是一个映射断言的族集,每个映射断言的表示为

$$\varphi Q(x^1) \sim \beta Q(x^2) \tag{5-2}$$

其中,$\varphi Q(x^1)$ 表示一个在数据库的来源(S)上的一阶逻辑查询(FOL)返回 x^1 中三元组(Φ_{RDF-t})的值。同时其他模块相关的查询表示映射 M^p 的视图。$\beta Q(x^2)$ 是一个在概念模型 T 上的一阶逻辑查询,其中的自由变量来自于 x^2 并且被指定为字母表 $\sum$o 上的连接查询(conjunction query,CQ)。

在映射断言 M^p 中,每个变量 x 发生时映射断言也发生。映射断言 M^p 的直观意义是由公式(5-1)表达的所有 RDF 三元组(三元组(Φ_{RDF-t})),它满足视图查询(φQ),也满足本体的 CQ 连接查询(βQ)。这意味着我们假定源数据库直接存储了表示 DCs 在本体中概念和角色实例的变量。对于 OntoBDAM 来说,更复杂的方法不适合这样一个简化的假设;相反,它们都是基于这个想法,DCs 概念的对象表示实例,并不存储在数据库中,但其通过映射从数据源的值开始构造。

根据上面的说明可以基于提到的语法和规范定义 OntoBDAM。如果意图定义基于 N-Quads 的规范定义 OntoBDAM,则四元组(ΩB)可以简单定义为

$$\Omega B = (T, S, M^p \text{ and } C_v) \tag{5-3}$$

其中,T 是一个扣除 ΩB 本体的 TBox;S 是一个数据库模式,称为 ΩB 的数据源;M^p 是一组 S 和 T 之间的映射断言,称为 ΩB 的映射;C_v 是一组包含依赖关系的视图,称为 ΩB 视图,每个视图包含依赖关系(或简单的视图包含)是一个如下表达式:

$$v_1 i_1, \cdots, i_k \sqsubseteq v_2 \quad (j_1, \cdots, j_k) \tag{5-4}$$

其中,v_1 和 v_2 是视图名称,$i_1 \cdots i, j_1 \cdots j$ 分别是 v_1 和 v_2 中的序列对。

5.1.3　基于本体的数据访问模型的映射层

上文中,定义了 OntoBDAM 作为一组三元组数据形如 $\Phi_{RDF-t} = (T, S, M^p)$。基于这个定义,可以看出三元组数据中的映射层削弱为 M^p。作为关键组件整合到 OntoBDAM 层中。

通常,DCs 本体数据集(Φ_{RDF-DS})中的 M^p 组件编码外部源数据(S),S 用于填充 T 的元素。如果打算在映射层指定 OntoBDAM,那么最好是在存在于一个包含了外部资源的系统时指定,使用映射和 OntoBDAM 虚拟数据层的优点是提高了 DCsAM 中数据访问的性能。

5.1.4　基于本体的数据访问模型的访问层

当 DCsDL 表达查询来自 Oracle NoSQL 数据库的 DCs 本体数据时,它会被看成是连接查询 CQ,CQ 也称为概念查询(concept query),因为变量可以在组件(一组三元组)而不是单一的关系中的属性关系范围内变动。这样做的原因是 DCs 本体论结构是基于组件,而且对于本研究的问题,我们不需要更好的查询语言支持一个谓词检索,这个谓词检索不能属于 DCs 领域的任何组件。涉及许多系统的主要问题,是对于查询响应来说,在查询执行和查询响应过程中存在某种程度上的不完整信息,这可能由两个主要因素造成:

第一,DCs 数据源,被视为不完整。

第二,DCs 领域限制本体模型的编码。

一般情况下,查询响应设定为响应和找出某些答案来查询。例如,答案就是保存在 OntoBDAM 系统和三元组数据的 DCs 本体中。

这种情况下,在 DCsSM 查询 DCs 本体数据时,两种边界情况下使用的查询语言如下:

第一,应该使用本体语言作为查询语言。本体语言是量身定制的,可以被延伸或扩展;但是作为查询语言,它们显得很乏力,这是一个事实。

第二,应该使用完整的 SQL 或等效于 SQL(FOL,RQL)的查询语言。由于关系数据库的查询性能的稳定性,它仍被认为是非常好的关系表的查询语言,但由于不完整信息的存在,其查询响应变得难以判定,因此很多应用场合需要引入逻辑,加入逻辑有效性判定,例如 FOL 的有效性、OWL-DL 的有效性、DCsDL 的有效性。

第三,应该使用 SPARQL 作为三元组模式和图形数据的标准查询。SPARQL 由于其查询非结构化数据的能力最近获得广泛认可,但一些问题相继出现。当本体工程思维模式决定使用持久性存储时,它需要一个额外的连通性、API、模式定义和 DCs 数据映射,从而减少在 DCs 数据中检索完整信息的复杂性。

5.1.5　基于本体的数据访问模型查询响应的挑战

通常在本体模块和本体库中,各种参数影响查询响应的复杂性。我们认为这取决于参数,并且发现不同的复杂性大部分是由本体数据、模式及其复杂性这三个相应的问题结合而成的。

(1) 数据的复杂性。对于这种情况,利用三元组模式(即三元组数据)的 ABox 断言块的大小,且三元组数据下的 TBox 和查询被认为是固定的。

(2) 模式的复杂性。对于模式,主要问题是 TBox(模式)的大小,而其中的焦点是本体模型下的 ABox 和查询也被认为是固定的。

(3) 结合复杂性。当我们把数据复杂性和模式复杂性结合在一起,那么没有固定参数能被考虑。针对用户访问策略的缺乏,OntoBDAM 模型会依据 DCs 数据的映射层,减少在多重查询响应中 DCs 数据的访问性能。

5.2　基于本体的数字内容数据的访问模型

根据在 DCsAM 上对于 DCs 数据面临 OntoBDAM 的挑战,本书提出了大多数更可取的 OntoBDAM 解决方案。为了改善 DCsAM 的性能,提出的解决方案是基于访问层的再修改。为了实现这一目标,我们引入了 DCsAM 框架内的以下组件:

（1）虚拟 DCs 数据层。

（2）逻辑推理层。

（3）连接查询层。

（4）用户访问策略层。

根据上述内容，DCAM 必须注意以下两点：

第一，必须使用构造函数从 DCs 本体三元组中创建对象，这可以创建 DCsSM 中的值。这些构造函数通过 Skolem 功能查询在右边的映射建模。

$$\Phi M^p : \varphi Q(x^1) \sim \beta Q(\delta f. x^2) \tag{5-5}$$

逻辑程序的局部评估技术适用于展开查询，通过使用 ΦM^p 进入 S 上的查询。

第二，必须把所有的 DCs 数据指向到虚拟 DCs 数据层。DCs 虚拟数据提高了数据访问的性能，是提升存储性能的主要来源；此外，它还提供了一个统一的、唯一的联合数据的库来创建、组合、转换和联合数据视图，以及交付所需的基于服务架构的虚拟化数据服务层，可以实现对一组分布式和异构的数据源的访问，并可方便地扩展到处理不相关的数据源。

5.2.1 DCsAM 的虚拟化层

DCs 虚拟化数据层是一个管理数据和提高用户的访问权限和访问策略的重要工具。作为 DCsAM 中解决方案的一部分，虚拟化被视为数据管理的一种机制或一种方法，允许个人或甚至一群用户从数据库中检索数据，并略过所有的限制而不影响原始数据；而其他语言只有实时访问，系统存储数据。图 5-2 列出了第 1 阶段一个带有虚拟化数据层的改进的 DCsAM，提高了 DCs 数据访问性能。

因此，虚拟化技术减少了数据错误的风险程度及用户和存储模型之间数据移动的工作量。因此，虚拟数据层（V_d）是由数据库模式 S 和映射层的 M^p 组成，例如 $V_d = M^p(S)$。从这个例子可以推断查询是在 TBox 的（w，r，t）方法和虚拟数据层的基础上响应的。

值得注意的是，我们并不真正实现虚拟数据层（这就是为什么它被称为虚拟）。相反，在 TBox 和 M^p 中的意向信息是用来将在 TBox 上的查询转化为查询在存储模式上制定的查询。

OntoBDAM 改进框架的集成设置如图 5-3 所示，虚拟数据的大小在很大程度上控制概念层的大小，这意味着它还控制查询表达式和查询回答，我们可

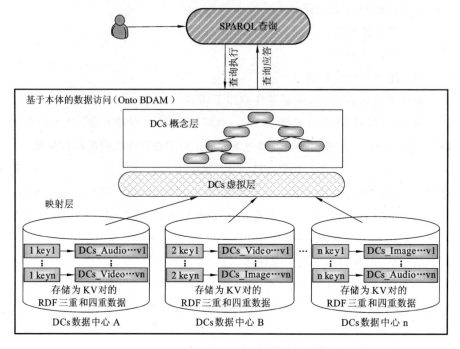

图 5-2　改进的基于本体的数据访问模型的第 1 阶段

以得出一个结论:数据复杂性与复杂性度量相关。

　　DCs 虚拟数据层为从数据中心与经应用程序需求和 DCs 数据部署提供了方便,它是最有价值的实体。应用虚拟化技术的方法已经实现,以减少从 Oracle NoSQL 数据中心访问 RDF 数据的时间。

5.2.2　DCsAM 的推理层

　　本书也考虑到了 DCsAM 中 DCs 推理层的物理存在,作为第 2 个提议的解决方案,它可能会增加访问 DCs 数据的效率,提高在查询重写和查询优化一致性方面的访问机制。

　　推理层是为了在检索数据库的 DCs 数据过程中减少 SPARQL 查询重写的复杂性。因为我们在数字内容数据的存储模型中强调 DCs 推理层,所以聚焦在 OntoBDAM 中的 DCs 推理层,通过定义 OntoBDAM 模型内部的查询响应推理,如图 5-3 所示。

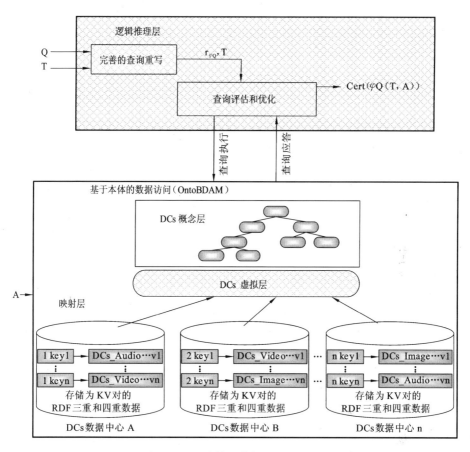

图 5-3　改进的基于本体的数据访问模型的第 2 阶段

5.2.3　DCsAM 的连接查询层及改进

在 DCsAM 改进的体系结构中,使用连接查询 CQs 和连接查询的集合 UCQs 作为处理信息不完整性的新颖的解决方案。当访问 DCs 数据时,在查询处理和查询响应的过程中,使用逻辑关系代数匹配 SPARQL。

连接查询 CQ 是一个一阶查询,

$$\varphi Qx \leftarrow \exists y R_1(x,y) \wedge, \cdots, \wedge R_k(x,y) \tag{5-6}$$

其中,每个 $R_1(x,y)$ 是一个使用一些自由变量、存在量化的变量((x))和可能的 DCs 数据常量的原子。

DCsAM 支持在本体模型上的连接查询,在三元组集上的连接查询是一个表达式的形式,

$$\varphi Q(\Phi_{RDF-tx}) \leftarrow \beta(\Phi_{RDF-tx}, \Phi_{RDF-ty}) \tag{5-7}$$

其中，Φ_{RDF-tx} 是一个不同变量的三元组，称为区分的；Φ_{RDF-ty} 是一个元组不发生不同变量的三元组，称为不区分的；$(\Phi_{RDF-tx}, \Phi_{RDF-ty})$ 是一个有 Φ_{RDF-tx} 和 Φ_{RDF-ty} 变量的原子的结合，Φ_{RDF-t} 的谓词是原子概念和角色。$\varphi Q(\Phi_{RDF-tx})$ 称为查询的头部，$(\Phi_{RDF-tx}, \Phi_{RDF-ty})$ 称为查询的身体。连接查询集 UCQs 是一组有相同头部的连接查询（称为分离的）的集合。

连接查询集（UCQs）是一个表达式的形式，

$$\varphi Q(\Phi_{RDF-t(x)}) \leftarrow CQ_1(\Phi_{RDF-tx}, \Phi_{RDF-ty}1) \bigcup, \cdots, \bigcup CQ_n(\Phi_{RDF-tx}, \Phi_{RDF-ty}n) \tag{5-8}$$

其中，每个 $CQ_1(\Phi_{RDF-tx}, \Phi_{RDF-ty}i)$ 是原子的结合。同样，对于一个给定的解释 I，I 是的 RDF 三元组指定制造公式的领域元素的集合。

$$\exists \Phi_{RDF-ty}1.CQ_1\Phi_{RDF-tx}, \Phi_{RDF-ty}1 \lor, \cdots, \lor \exists \Phi_{RDF-ty}n CQ_n(\Phi_{RDF-tx}, \Phi_{RDF-ty}n) \tag{5-9}$$

在给定的解释 I 下公式(5-9)返回真值。

DCsAM 中建议中 CQ 解决方案有以下条件：

第一，CQs 不包含隔离，没有否定，没有通用的量化。

第二，相应的 CQs 应包含 SPARQL 关系代数和选中-设计-加入（S-P-J）查询。

第三，CQs 还应该积累 SPARQL 查询模块的核心。

考虑一下这个例子：为了处理数据的效率，我们需要从连接查询的贡献中分离 A 作为 ABox 的贡献和 T 作为 TBox 的贡献。

根据图 5-3 我们通过查询重写实现查询响应，并从现在开始查询响应能够方便地在两个阶段实现。

(1) 第 1 阶段使用查询重写的方法。从 TBox 中生成一个新的查询。查询重写方法是在查询执行之前重写 SPARQL 查询的方法，查询执行在可能是 Oracle NoSQL 数据库的本体存储中。查询重写的主要用途之一是允许用户通过权限查询信息的流动。这种方法只是重写查询，所以很容易适应任何类型的本体存储，能够使用 SPARQL 查询平台。

(2) 第 2 阶段是使用查询评估和优化方法。这种方法评估在 ABox 的 A，被视为一个完整的数据库映射，在查询处理和查询响应的最终生成函数，这个生成函数是对新查询没有任何限制的查询响应函数。

值得注意的是，优化的 DCsAM 已经表明它处理查询的能力，在图 5-3 中实现的虚拟数据层的配合下,处理从异构数据中心和推理层新生成的查询,它必须被完全重写和评估。同样,查询响应也必须被评估和优化来产生一个新的查询响应,图 5-3 显示了改进的 DCsAM 第 2 阶段的 DCs 数据的虚拟数据层和逻辑推理层。

5.2.4　用户访问策略

优化的 DCsAM 第 3 阶段合并了四分之三的组件:虚拟数据层、逻辑推理层和 DCs 数据访问的查询层,它缺乏一个重要组件——用户访问策略层。这一层在该模型的第 3 阶段中给出,它使组件的数量完整,使得改进的 DCsAM 更便于理解。用户访问提高了对用户和数据的访问权限,建立了未经授权的用户与 DCs 数据之间一个安全层,其中只有授权用户可以访问到 DCs 数据。访问策略的建立是基于规则的访问控制模型(RBACM)的一部分,它为每个授权用户提供了规则,并对从数据库中访问信息提供了保证。然而 RBACM 未能打破 DCs 数据中心内的安全层。因此,本研究提出了新改进的模型 Q-RBACM,使它与 CQs 的连接更安全与方便。

Q-RBACM 使所有安全层相互连接连成一个组件,它可以为用户提供合法的访问权限和获取数据的访问权限。用户访问策略的主要功能是通过从持久存储中查询 DCs 数据,向用户提供一个访问权限,它拥有基于用户策略设置的访问控制模型的额外部件,即策略表创建。在策略表创建中,只有一个主要的活动,就是验证与用户角色有关的策略;其中,在大多数情况下,用户必须使用用户 ID,这样用户可以被分配给特定的由系统管理员存放的策略。

5.3　基于查询规则 DCsAM 的角色访问控制 Q-RBACM

这一部分阐述了改进 DCsAM 的第 2 阶段,第 2 阶段是基于对 DCs 数据和用户管理的访问策略控制。本书提出了一种改进的 Q-RBACM 来实现在 DCsAM 中对 DCs 数据的高效访问。我们根据查询重写和执行实现 Q-RBACM 政策,为了确保 DCs 数据的快速访问,政策的扩展在 OntoBDAM 框架的控制下,用来增加用户方的可扩展性及限制任何欺骗对抗等。访问 DCs 数据的性能没能和 DCs 数据量一样增长,目前 DCsAM 的修改提供访问控制和访问权限,这在很大程度是基于存储系统本身,而不是系统的用户方面。

RBACM 通过角色划分用户,通过操作(访问或拒绝)作为许可使对象成对,并定义成对角色的政策和权限。因为 RBACM 在本体网中识别用户,并不仅使访问系统变得可行,而且还使对 DCs 数据的访问变得可行,所以,这是一个定义访问控制政策的合适的技术。

另一方面,RBACM 用户本身不能直接与相关许可关联,但可以与角色相关联。在这种情况下,必须授权给相关的角色和系统用户。图 5-4 描述了包含 Q-RBACM 为用户获取所需的访问存储在持久存储模块的本体数据,也描述了改进的 DCsAM 第 3 阶段和 Q-RBACM 用户访问策略。

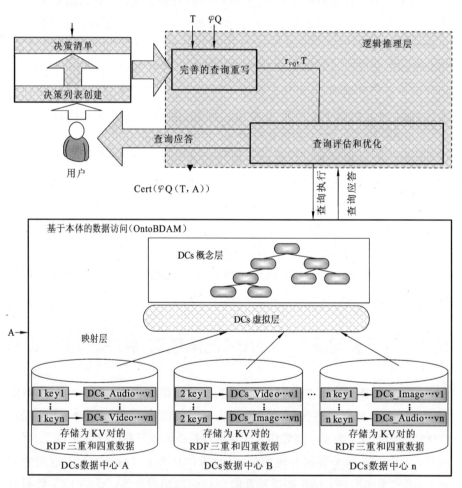

图 5-4　改进的基于本体的数据访问模型的第 3 阶段

5.3.1　策略的建立

Q-RBACM 到 OntoBDAM 的实现要求高水平地理解用户查询或访问存储数据的角色和存储模型的策略设置。

通常一个角色是一个执行某一特定的工作职能所需的权限的集合，而权限是一种可以在对象上行使的访问模式。

角色→权限：这是权限分配功能，为需要访问权限的用户分配角色。

用户→角色：这是用户分配功能，向访问规则分配用户。

我们旨在通过 SPARQL 查询重写执行隐私需求。所以，本方法的基本原理是为了保护个人数据免受未经授权用户的访问，重写初始的 SPARQL 查询，此重写算法通过隐私意识模型检测。

在 OntoBDAM 中使用 Q-RBACM 可以确保阻止不合法用户访问 DCs 数据，并将所需的 DCs 数据的访问权限授予合法用户。所以，这个过程可以验证访问策略和用户的角色，同时管理存储在数据库中的 DCs 数据。

5.3.2　在 Q-RBACM 用户规则的定义

这种基于 DCs 数据访问策略和用户管理的规则是在推理层的改进 DCsAM 第 2 阶段定义的。Q-RBACM 通过概念和关系定义了如何推导 DCs 数据的规则，它提供了一个对系统的本体属性的明确定义，并实现了一些可用于推理算法的规则，从而可以提高访问性能，加快查询处理。因此，通过对 Q-RBACM 模型的改进模型，还可以实现访问控制、访问权限、约束规则和功能工作，指导用户通过接入 DCs 的本体数据，实现从 Oracle NoSQL 数据库通过 SPARQL 查询。在接下来的部分，将用 FOL 评估五类规则。

规则 1：<会话约束规则(δS_cr)>，我们使用会话约束规则(δS_cr)，当用户建立一个会话，会话有一组用户分配角色的激活子集。使得

　　　　If $\exists u. s\ establis(u, s) \wedge \exists u. r\ hasRole(u,)r$

　　　　Then $\delta s_{cr} \rightarrow \exists s. r\ hasActiveRole(s, r)$

规则 2：<互斥角色约束规则(δME_cr)>

　　　　If $\exists u. r. hasRole(u, r) \wedge \exists r. \Delta r. hasConflict(r, \Delta r)$

Then $\delta ME_{cr} \rightarrow \exists u. \Delta r\ hasRole(u, \Delta r)$

规则 3：<前提角色约束规则(δPR_cr)>

If $\exists u. r. hasRole(u, r) \wedge \exists r. \Delta r. prerequsite(r, \Delta r)$

Then $\delta PR_{cr} \rightarrow \exists u. \Delta r\ hasRole(u, \Delta r)$

规则 4：<间接关系的功能规则(δIR_fr)>

If $\exists u. s\ establis(u, s) \wedge \exists s. r\ hasAtiveRole(s, r) \wedge \exists r. p. hasPermission(r, p)$

Then $\delta IR_{fr} \rightarrow \exists u. p\ hasActivePermision(u, p)$

规则 5：<层次关系功能规则(δHR_fr)>

If $\exists r. \Delta r\ inherit(r, \Delta r) \wedge \exists r. p. hasPermission(r, p)$

Then $\delta HR_{fr} \rightarrow \exists \Delta r. p. hasPermission(\Delta r, p)$

需要注意的是变量 u,r 和 p 分别代表会话的用户、角色和权限,从规则 1 到规则 3,是对不同约束规则的明确定义,规则 4 和规则 5 是功能规则的蕴含函数。

(1)约束角色<φcr>。约束角色 φcr 被定义为一种维护访问控制的规则类型,应用于对数据库中的 DCs 数据具有受限访问的用户。该 φcr 可以帮助应用程序验证当数据或关系发生变化时,关系是否有效。例如,如果用户已建立会话,并希望激活会话,我们必须检查用户是否具有这个角色的通过规则(规则 1~规则 3)。如果用户具有,则相关的访问控制信息,可以在应用领域进行更新。

(2)功能角色<φfr>。功能角色 φfr 描述了基于客体上下文许多条件的对象。有一些关系不能在政策创造直接表达,但可以通过作用规律 φfr 推理找到。这样,当用户或系统管理员要浏览的数据库应用程序的 RDF 数据信息的受到访问控制,φfr 就可以帮助应用提供方便,以简化查询操作。

5.4　查询的 RBAC

5.4.1　查询重写

重写 SPARQL 查询是为了适应不同的策略列表,作为第一访问控制处理中从用户不可访问的信息进行过滤的查询级别。因此,它能够有效地利用资源,过滤无用本体论。查询重写(query rewriting,QR)的策略制定和实施取决于 Q-RBAC 框架,它依赖于一系列的基本步骤,这些步骤具有一致性,以确保只有授权用户能够访问数据库中被授权的数据。

　　图 5-5 概述了算法流程和工作流的 Q-RBAC 模型,其中 Q-RBAC 定义已被授权访问数据库的用户,包括数据库开发人员和管理员(DBD 和数据库管理员)。基于该算法,假定用户已经被授予访问权,并已成功登录到数据库的 NoSQL,具有用户会话操作权限。因此,Q-RBAC 使系统知晓用户及其所具有的访问控制权限和所有的请求,并且可以使用这些信息仲裁用户的请求而进行响应。

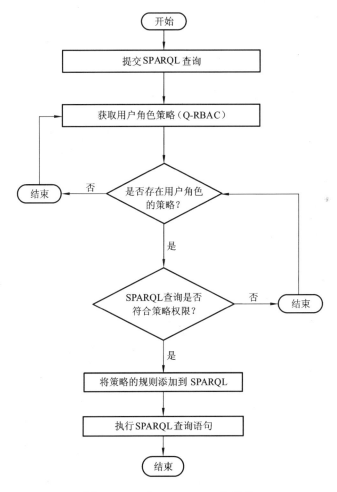

图 5-5　QR 为 Q-RBAC 工作流程

当用户通过查询客户端提交 SPARQL 查询语句的数据库时, Q-RBAC 获取并理解所有用户已被分配的规则,也可以检索所有规则和已被分配到 Q-RBAC 模型策略。当 Q-RBACM 框架出现使用 Q-RBAC 的策略,则给予用户访问的基础数据。当一个角色没有被分配给任何 Q-RBAC 的策略,说明该用户没有对数据库的访问权限。改进的 Q-RBACM 模型的实现是在数据库的层面,而不是它使用动态查询重写应用程序。该 DCsAM 框架需要提交 SPARQL 声明,动态地根据安全策略,并提供新的可重写查询 $r\_\varphi Q$ 重写。查询重写在 WHERE 子句创建一个新的 SPARQL 语句,然后将其提交到 NoSQL 数据库的形式补充规则。用这种方法,安全策略强制执行,无论是否在数据库通过一个应用程序或使用工具直接访问。因此,如果没有已分配给用户任何角色的策略,那么 Q-RBAC 终止该进程,返回一个错误,并通知最终用户:"对于任何访问控制策略,该用户没有分配角色(S)!"。

相关算法伪码如下。

Algorithm: PQR for Q-RBAC workflow

Input: SPARQL Query

Output: Execute SPARQL Query Statement

```
Begin
1. Submit SPARQL Query
2. While SPARQL stack is not Null:
3.      Get Policy For user's Role (Q-RBC)
4.          If Policies exist for user's role:
5.              If SPARQL Query match Policies privilege:
6.                  Add policy's Rules to SPARQL
7.                  Execute SPARQL Query Statement
End
```

5.4.2 查询执行

这个进程通过执行创建在内存中的本体模型的重写查询来创建本体模型。它是 Q-RBACM 进程中的最后一步,转移的 SPARQL 状态在这一步被执行。转移的 SPARQL 查询结果仅被授权接入 DCs 数据,其通过简单的策略使得一个用户角色被指定。在 SPARQL 查询执行时,每条策略都会在查询时被解释,这意味着策略规则所做的任何更改将在下次政策使用时自动实现。

　　本章提供了 DCs 访问模型 DCsAM,它是基于丰富的语义解释和逻辑推理开发,以方便用户访问策略和增强区议会的数据访问性能。该 DCsAM 通过改进传统的本体论基础的数据访问模式提供的 DCs 接入定义;DCs 的虚拟层被作为一个额外的贡献,用于当 DCs 数据需要从数据库读取时加速访问性能;并采用 Q-RBACM 对用户进行访问控制,以满足所有必要的查询条件和用户访问策略。Q-RBACM 由各种用户访问策略,DCs 的虚拟层、查询层和映射层组成,用于从分布式的 Oracle NoSQL 数据中心集成 DCs 数据。

6 基于本体的数字内容数据的查询模型

为更好地从数据库中查询 DCs 本体数据,本章建立了 DCs 的查询模型(digital contents query model,DCsQM)。该 DCsQM 及其框架基于 Oracle NoSQL 数据库,使用键值对存储技术来存储 DCs 本体数据,同时也支持与 SPARQL 查询的直接相连,从而将其作为插入及检索本体数据的主要来源。通过 Apache 的 API 接口使得 SPARQL 查询语言能够访问数据库中的本体数据,达到与 DCsSM 连通的目的。本研究采用新的方式定义和分析查询策略,以便有效地执行 SPARQL 查询,为此我们提供了基本模式和可选模式,其和 RDF 模式过滤器是研究的焦点。

6.1 数字内容数据的查询模型 DCsQM

本节对 DCsQM 基于 Oracle NoSQL 数据库的本体数据查询提供了结构化的建议,查询 DCs 的本体数据是本研究中一个兴趣点,因为它涉及的 DCs 数据不是静态的而是更加复杂的动态结构,且大多是基于可视化格式。该 DCsQM 模型与交互的 API 服务、用户应用查询终端、DCsAM 和 DCsSM 的允许访问层相连接,如图 6-1 所示。其目的是在媒体数据的检索过程中,增加使用 DCs 数据的效率和可访问的性能。

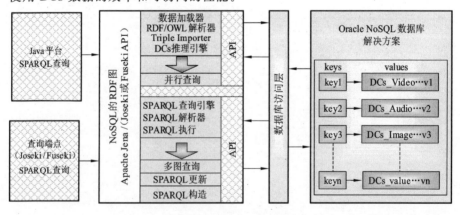

图 6-1 提出的 DCsQM

在图 6-1 中,DCsQM 允许用户使用应用程序的查询终端,它是直接面向 DCsSM 构建的 SPARQL 查询模型,这样我们就可以从数据库中检索和更新本体数字内容数据。DCsSM 提供了两种应用程序查询端口,添加了类似于 Fuseki 的查询端口,并且内置 Java 应用平台(例如 Apache Jena)的应用程序查询终端,API 支持 SPARQL 从 NoSQL 数据库模型中查询数字内容,SPARQL 查询可以识别一些基础的且用户可读的相关数据信息,然后只返回这些可读的数据。

通过 Jena API 的数字内容本体数据可以通过使用一个特殊的 SPARQL 查询功能进行大规模加载(输入或输出),这种大规模加载使用的是 RDF/OWL 序列化格式,Jena API 的解析是面向 SPARQL 查询数据库且支持多个随机查询和查询更新执行的,并能单独地构造该多图形数据。特别地,每个 SPARQL 查询模型将通过 Oracle NoSQL 数据库转化成 Jena 的 Multi-Get API,将所得的键值对与来自其他的查询模式相结合,以形成为客户端设置的最终结果。这个从数据库得出最终结果的设置将不同于一对一客户端,因为输出结果集有多重结构,该 DCsQM 可以提供三套不同的输出结果,例如 XML/RDF 格式、JSON 格式、RDF 图形格式。

DCsQM 也连接了数据库的访问层,可以为每个独立的授权用户提供访问控制策略和规则。它提供了一个内部机制完全重写用户的查询,以满足该系统的执行策略,并且使结果更有效和准确。DCsAM 使用了 OntoBDAM 和 RBACM 两种技术,后来提高到了 Q-RBACM,所有的技术都是为了适应复杂查询的重写方法及用户访问控制策略和虚拟化,增强 DCsAM 内的 DCs 数据可访问性能。

本文提出的 DCsQM 最后一部分是和 DCsSM 相关联的,在之前的章节中已作了深入地讨论,但作为一个普遍现象:DCs 本体数据存储在 Oracle NoSQL 数据库的中央架构,并且使用了键值对的存储技术。当评估 DCsSM 时,我们必须考虑到在数据库管理的同时,也要考虑一些关键的问题,诸如数据量的大小、查询速度、平台可用性和成本等。这些通常会影响 DCsSM 的性能,但另一方面,单独的 DCsSM 并没有足够的能力来影响整个评估系统,因为这里有多个 SPARQL 查询。所以,需要考虑下列的有关问题:

第一,DCsQM 是否支持实时的 SPARQL 查询,或者在本项目里是否推荐使用的类似于"SPARQL"的查询、更新语言和 API。

第二,如何方便且持久地存储一个 SPARQL 查询语句来查询图模式,并判断随后得到的返回结果是否具有交互性和可编程性。

第三,提出的 DCsSM 是否可以作为 SPARQL 终端。

第四,提出的 DCsQM 是否支持最新 SPARQL1.1 标准版。

这些都是一些关键问题,可以帮助我们提出有意义的 DCsQM 和 DCsSM,进而能面对三元组存储和 SPARQL 的查询语言的关键挑战。上述的示例和描述涵盖了 SPARQL 1.1 的升级版本,本文使用的 SPARQL 查询只是一种查询语言,它可以将数据添加到数据集并且替换和删除它,提出的 DCsQM 允许使用 SPARQL 导出规范及其描述的重要标准,这主要用于考虑当一个 SPARQL 处理器在执行时哪些信息应该列入,SPARQL 通过返回一个布尔逻辑值实现导出,由此,如果 A 依赖 B 并且 A 的值为真,那可以理解 B 也为真。

6.1.1　DCsQM 的查询引擎

查询引擎模块负责解析概念表达式,它表示一个查询,使用如 DCsSM 所述的服务执行查询。在 DCsSM 和应用程序界面中,对于用户了解的数据库中存储的数据之间的语义差距,查询机制起到重要的作用,我们将侧重于这些重点技术,例如,相关的性能和反馈作为提高查询处理和检索结果的一种方式,用户查询可根据查询处理和检索的结果进行初步评估,虽然这种方法和其他方法(例如查询扩展和通过多个查询方式相结合的方法改善用户查询)的实用工具已能提供一些保证,但仍然缺乏在检索过程中的透明度且具有一定的风险,因此,我们在此模型中期望启发语义 Web 的工程师,对其可用的行为或提供多种文件格式的输出结果加以关注。

最重要的是提出的 DCsQM 使用了 SPARQL 查询引擎,查询 DCs 本体数据下的基于 KV 数据集的序列化的 RDF/OWL 数据,该数据是分解在 Oracle NoSQL 数据库内部架构内,DCsSM 使用关键值系统数据库体系结构来存储 DCs 本体数据,基于 DCsQM 的特性,SPARQL 查询模块的前景应语义化和结构化,并且制定之前接受查询引擎的再加工、通过,然后执行到查询数据的数据库,图 6-2 概述了查询模块。

DCs 本体数据必须转换为序列化格式,因为 RDF 是直接标签图形数据格式表示信息的网站,查询 RDF 数据使用 SPARQL 语言结果将存储在本地,这是一种目前在 W3C、RDF 支持访问的工作流,SPARQL 1.1 的发展已经提供 SPARQL 1.0 开始时面临的大多数挑战的解决方法,SPARQL 1.1 支持 RDF 的存储在关系数据库中所有的修改操作,例如插入、更新、构造和删除,还支持所有聚合函数例如计数、求最大、求最小、EVG,某种程度上它还借用

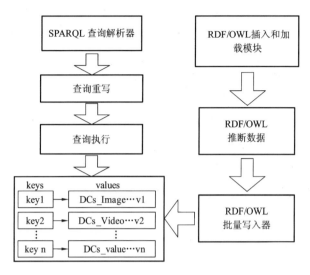

图 6-2   基于本体查询的引擎和模型框架

了 XQuery（函数和运算符）中的某些功能。

DCsQM 提供了查询重写的最理想方法，该方法是 DCs 本体存储的 SPARQL 查询执行之前直接重写 SPARQL 查询，改写查询允许授权用户信息的流动，这种方法只是重写查询，因此它很容易适应任何能够支持 SPARQL 查询类型的本体存储，但在执行查询后，访问控制程序不支持任何推论的本体数据，虽然这种方法并不加载无用的本体，但它可以完全保证本体推理的保密性。

此外，DCsQM 支持所有用于检索 DCs 本体数据的 SPARQL 查询，包括特性（例如范围、偏移量、超时）、DOP（并行度）、ASK、描述、构造、图表、ALLOW_DUP（具有多个模型的重复三元组）、SPARUL（插入数据）、ARQ（内置函数的用法）、选择构造查询，使用 OracleConnection、Oracle 数据库连接池等实例化的 Oracle 数据库的使用。

图 6-2 中查询引擎可以通过使用 SPARQL 从 NoSQL 数据库中查询 DCs 本体数据，该接口提供的 API 组件需要 SPARQL 查询服务，例如发送 SPARQL 查询和获取结果集，换句话说，SPARQL 作为端口和查询不支持任何形式的推论来获得 RDF 数据，因此它依赖于外部的推理，例如 RacerPro、Pellet. Stand alone 应用程序端点，在这种情况下 DCsQM 支持所有形式查询 DCs 数据，使用独立 SPARQL 查询通过 Apache Jena 界面在 Oracle Jena 适配器下执行 Java 并且将 SPARQL 查询能力传输到 Oracle NoSQL 数据库。

ApacheJena 工具包用于为本体在 NoSQL 数据库上永久存储的连接提供支持,Jena API 将 DCs 本体作为一套的 RDF 三元组保存,同时不考虑具体处理复杂类而生成的类的构造函数(布尔值组合和各种约束),在 Jena,一个 SPARQL 查询被转换成一系列的查找操作,它使用变量来表示生成三元组模式之间的连接。

Oracle NoSQL 数据库支持基于 SQL 的 SPARQL 引擎:这种混合查询语言允许用户指定 SPARQL 图形模式作为一个表函数,使用 SEM_MATCH 返回表的映射,其中每个映射都是指定的图形模式的解决方案。

到目前为止我们仍然可以使用 DCsQM 直接通过 SPARQL 议定书从 NoSQL 数据库中提取 DCs 数据,目标是要应用查询应答的算法去简化从 NoSQL 数据库获取结果,其中使用了密钥值存储技术,还包括原始断言和 RDF 数据推论出事实的检索结果,查询应答模块包括了一个 SPARQL 查询处理器、查询分析器、查询执行器和优化技术。

6.1.2　DCsQM 的 SPARQL 查询处理

基于 DCsQM,在 DCsQM 中的所有 SPARQL 查询都是直接在 DCsSM 中执行,通过 RDF 序列化模式的本体文件在 DCs 中的 SPARQL 查询处理更加高效,因此我们非常注重提升处理 SPARQL 查询直接从 Oracle NoSQL 数据库中转换为 RDF/OWL 数据的可能性。为了研究目标能成功完成,DCsQM 必须能够处理海量的数据,而且应该具有从现有的数据中产生更多知识的能力,只有在它能在迅速响应用户查询的情况下这些知识集才有作用,因此,在 DCsSM 中对 DCs 本体数据的检索就显得至关重要。为了快速检索 DCs 数据,使用一种流行、更加快捷的方法把它们存储到检索系统中变得非常重要。这个系统能够对部分数据的并行处理提供更加快速的响应。为了提高对查询处理我们必须了解在查询处理模型中 RDF 数据的呈现模式。众所周知,DCs 本体数据能够被序列化和抽象化成三个不同的层次。

第一,DCs 本体数据可以表示在句法层面上,在这一级它们被视为 XML 文档。

第二,DCs 本体数据可以表示为一系列的三元组模式(这发生在结构化一层)。

第三,DCs 本体数据可以表示为图形模式(这一阶段被视为在语义层面的 RDF)。

查询处理引擎的角色要评估和标准化层次和实现用户的要求,包括期限结构的语法和语义层次的发送查询。

6.1.2.1　查询句法层面的 DCs 本体数据

在句法层面上查询 DCs 本体数据意味着查询过程在 XML 序列化格式上执行,每个单一的 RDF 实例将被写进 XML 注释,因此,我们可以合理地假设能使用 XML 查询语言(例如 XQuery 5)查询 DCs 本体文件,然而,这种做法无视了这样一个事实——RDF 不只是 XML 表示法,其自身有不同于XML 树状结构的数据模型。XML 是由有序、节点标记的树状结构,DCs 本体文件是由交叉连接的无序结构、节点和边缘标记图结构组成的,XML查询技术没有处理和区分节点、边缘标签或者无序树根节点的功能。

6.1.2.2　结构层的 DCs 本体数据查询

在结构层查询 DCs 本体数据意味着查询过程必须同 DCs 本体模型结构协同工作,即写好的 SPARQL 查询必须依靠和符合标准的格式,SPARQL 查询在结构格式的术语方面,应该是正确的语法并且查询处理器可以支持的,可选择的 SPARQL 查询使用类似于 SQL SELECT 的结构表示。

这里的查询如下:

$$\text{SELECT } \overline{B} \text{ FROM } \mu \text{ WHERE P}$$

其中,μ 是一个 RDF 数据图表 G 的链接,P 是一个 SPARQL 图表模式,$\boldsymbol{\overline{B}}$ 是在P 中出现的 RDF 元组变量,直观地说,一个 SPARQL 查询的结果是 $\boldsymbol{\overline{B}}$ 的变量实例化 π,该结果通过 RDF 中图表 G 的权值,这样 π 就能证明 P 是 G 的结果,接下来的查询将作为 SPARQL 结构呈现,即查询后返回的所有必须来自DCsSM。

SELECT *

WHERE $\{$? $\Phi_{\text{RDF-p}}$ Subject $<$? $\Phi_{\text{RDF-p}}$ Predicate $>$? $\Phi_{\text{RDF-P}}$ Object; $\}$

以上查询评估在结构层,每个单一数据被当成一个三元组计算

$$(\Phi\_(\text{RDF-p})\text{Subject}, \Phi\_(\text{RDF-p})\text{Predicate}, \Phi\_(\text{RDF-p})\text{Object})$$

这意味着每个元组将被单独解释,并且在 RDF/OWL 数据存储中返回匹配元素结果,如果存在任何结构或者语法的错误,都可能引起不必要的错误。

大多数 SPARQL 查询形式的核心至少包含一个三元组模式,一个三元组模式就像 RDF 只包含主语、谓语和一个变量对象三部分,语法上一个变量由一个问号 “?”跟着一个术语,例如“? name”的形式。

　　一个三元组模式匹配 RDF 数据中可替换变量的元组,一套三元组模式一起形成基本的图表模式,当图表模式中的变量替代了 RDF 术语(terms)时,一个基本的图表模式将匹配 RDF 数据的子图,图 6-3 概述了查询过程对 RDF 数据查询的影响。

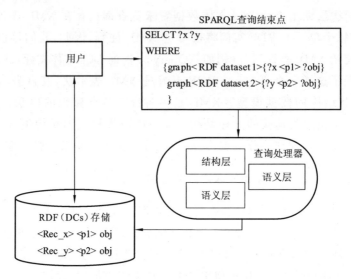

图 6-3　查询过程框架

　　然而,在这层的查询意味着 DCs 本体模型可以被解释为一系列的三元组,包括那些被授予了特殊语义的 RDF 结构的元素。

6.1.2.3　语义层的 DCs 本体数据查询

　　查询处理器的另一个协调部分是与语义查询模块协同工作,语义查询模块即用 DCs 本体数据的相关图表表示,这样用户查询并不只从 DCsSM 返回明确的结果,但它可以考虑语句之间的相互关系,这意味着检索结果将语义化地定义为 RDF/OWL 结构。

　　在语义层,它是可以查询 RDF 模型需要全部知识并且不仅是偶然显式表示的事实。要实现这一目标,至少有两个选项:① 作为查询的基础计算和存储演绎闭合图表;② 让查询处理器根据每个查询需要推断新语句。

　　因此有必要让用户学习和理解 DCs 本体数据存储在数据库中的结构,在 SPARQL 查询语义上是正确的并且很容易解释。

6.1.3　DCsQM 的查询处理算法

为了在 DCsQM 中完成查询处理,SPARQL 需要接受和绕过三个主要步骤。

第一,分析和翻译 SPARQL 查询:先翻译成其内部的查询形式,然后翻译成关系代数,再用解析器检查语法,最后验证关系。

第二,执行 SPARQL 查询:制订查询评价计划,执行计划,再返回查询的结果。

第三,评价:查询执行引擎需要查询评价计划,执行这项计划,然后返回查询结果。

在图 6-4 中查询处理器提出了工作流模式,该模式涵盖处理时间中进行的三项主要活动。DCs 本体数据可以通过 SPARQL 查询检索,SPARQL 查询语言的实现标准封装在 Jena 工具包的 ARQ 软件包中,解析查询和

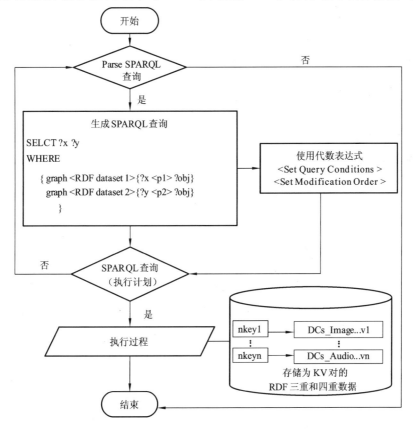

图 6-4　查询过程工作流

SPARQL 代数运算除了我们自定义的 BGP（Φ_(RDF-bgp)）评价方法，用来解析查询并且从 SPARQL 代数操作剥离我们自定义的评价方法 BGP（Φ_(RDF-bgp)），BGP（$\Phi_{RDF-bgp}$）是已解析的并且通过 DF/OWL API 使用活跃 DCs 本体数据类型来消除歧义，再扩展映射到公理模板。

算法的伪码表示如下。

Algorithm: Query Process Workflow

Input:SPARQL Query

Output:SPARQL Result

```
    Begin
1.  While Parse SPARQL:
2.      if Parse SPARQL Query:
3.          Query_1=Generate SPARQL query:
4.          Use Algebraic Expression
5.          If Execute SPARQL Query
6.              Execute process
    End
```

由此产生的公理模板之后将传递给查询优化器，该优化器适用于公理模板重写，然后搜索的一个很好的执行查询的计划，该计划基于 RDF/OWL 提供统计数字的推断，SPARQL 查询执行时使用 Java 应用程序或者使用图形化前端 Joseki 工具。

6.1.3.1　查询分析器

查询分析器负责转换序列化的 DCs 本体概念表达的一种格式，这种格式可以由系统处理，实例检索查询被传送到该系统进行表示，就像其他任何的概念表达，是流行的 OWL 的序列化格式之一。例如，RDF/XML，XML/OWL 和 Turtle。OWL-API 框架用来解析输入的文件并且获取概念在内存中表示形式和要回答的概念表达式在内存中的表示形式，查询分析器委托执行器对查询进行控制。

6.1.3.2　查询执行

查询执行器协调概念表达（三重概念执行）的查询应答过程的执行。查询执行器接收概念的抽象表达，有些时候它使用代数表达式、查询条件和

SPARQL 修改顺序,SPARQL 查询的执行从 RDF/ OWL 推理模块使用服务,然后获得推理数据的伪模型作为查询概念表达采取的地方和伪概念表达模型。查询执行器调用方法来获取候选人个人,获取方法基于概念表达的伪模型,调用方法来获取理想的独立对象,获取方法是基于来自 ABox 知识的缓存伪模型,一旦确定了理想的独立对象,查询执行器执行该进程负责执行和完成 RDF 格式的 DCs 本体概念表达的用户请求模型查询,RDF 格式是特定的每个理想的独立对象的查询。总之,SPARQL 查询引擎执行查询工作,一旦完成进程就将结果报告给用户。

一般来说,源代码的 SPARQL 查询为了获取结果,用户所需的三元组会使用 SPARQL 终点,在查询过程中评价的目的是生成查询,生成的查询将最小化返回三元组,但是检索时仍然获取可能需要联合执行查询的所有三元组,最基本的方案依赖于极其有限的信息,尤其是包含在数据源中的谓词术语的使用,其中可以从发出的一个简单 SPARQL 查询中获得终点,并且该终点已在系统中注册。

当一个 SPARQL SELECT 查询在以最好的效率执行时,将在 SPARQL 查询正文中使用一个增加的 LIMIT 值来设置执行一系列查询(核心理念基于观察一个 SPARQL 查询运行得更快并且使用较小的限制设置),SPARQL Gateway 使用“LIMIT 1”设置启动查询执行,理想情况下,此查询能在超时前完成,假设在这种情况下,下一个查询将有其 LIMIT 设置的增加,并且随后的查询有更高的限制。

6.1.4   DCsQM 的 SPARQL 解析

在 DCsQM 中 SPARQL 查询的基本结构和原始结构是相同的,但差别在于必须插入要克服的 DCs 数据作为挑战的额外任务,这里的 DCs 数据指的是支持 Dublin 核心实体和视觉特征的数据,一个 SPARQL 查询模块组成的五个主要类别,非或多个前缀声明;查询结果子句例如:“SELECT,CONSTRUCT …”;非或更多“FROM or FROM NAMED”子句;“WHERE”子句;最后是非或更多查询修饰符。

可选的 PREFIX 声明为长 IRIs 使用 XML 命名空间时引入了快捷方式。

一个前缀声明@ prefix name:＜iri＞为一个前缀 IRI 定义了一个别名,这个前缀名可以在声明的三元组中使用,在该三元组中 name:postfix 代表了 IRI＜iri postfix＞,例如 rdf:type,这种前缀可以在 WHERE 子句中使用。

查询结果子句指定了结果的形式,SPARQL 查询可以使用四种形式:

SELECT,ASK,CONSTRUCT 和 DESCRIBE。

SPARQL 查询的核心部件是一组三重模式<S,P,O>,<S,P,O>中(S)相当于主语,(P)相当于谓词,(O)相当于 RDF 三元组的对象,但它们可以是 Vvar 变量及 RDF 术语(Φ_(RDF-t))。在一个 SPARQL 查询中,用户指定已知的三元组 RDF 术语(Φ_(RDF-t))和叶子结点中的未知结点为变量三元组形式 Φ_(RDF-tp),相同变量可以发生在多个三元组模式,因此这里意味着连接,一个三元组模式匹配一组 RDF 数据,且三元组模式中的 RDF 术语对应 RDF 数据的一个子集,一个三元组模式应用于一个 RDF 图,然后生成一个装有无序的解决方案的袋子。一种解决方案是一套绑定,其中每个绑定包含一对变量和其绑定的值,就是相应的 RDF 术语中的 RDF 数据匹配的子集,一组三元组模式的结果是单个结果的三元组模式连接。

SELECT 查询以表格的形式提供答案,因为 SPARQL 查询是针对关系数据库执行的 SQL 查询。ASK 形式检查是否是 SPARQL 端点,可以提供至少一个结果,如果结果正确,那么查询的结果是 YES,否则结果是 NO。CONSTRUCT 形式类似于 SELECT 形式,但它提供 RDF 图作为查询的结果。DESCRIBE 形式被设想成从一个 SPARQL 端点检索信息并且不知道由 RDF 图生产的正在使用的词汇,可选的一套 FROM 集或 FROM NAMED 子句定义了的数据集并对其执行查询。

WHERE 子句作为 SPARQL 查询的基石而存在,因为它是 SQL 查询模式的核心,它指定了 RDF 数据查询的三元组模式和筛选表达式来限制结果集的代数条件,在 WHERE 子句中的用户还可以有权限来从不同的 RDF 数据存储区映射 RDF 数据集。

WHERE 子句中的 SPARQL 查询定义了要查找的 SELECT 子句中变量的值,在开启和关闭的花括号"{}"内,基本单位是三元组,由三个部分组成<S,P,O>,这很像一个基本自然语言句子的语法结构。

一般地,WHERE 子句定义的数据集是用户有需要的从数据库中提取数据,通常这部分是一些可选的时间,它的存在取决于用户需求,因此不需要太多的精力来设置条件,因为不同的用户拥有不同想法,以下各节将解释这些三元组模式用于选择三元组构成的结果。

查询将尝试匹配图形模式的三元组和模型,每个模型节点的图形模式变量的绑定将成为一个查询的解决方案,并且在 SELECT 子句中指定的变量值将成为查询结果的一部分。

SPARQL 查询解析还包括可选阶段一个无用的部分,该部分是从其他的查询语言中继承的,是查询修饰符,它是对查询结果的组织有巨大影响的选项,通常修饰符用某些形式和组织来控制查询结果,例如升序或者降序的结果、限制显示的结果数目等,如图 6-5 指出了类似于解析 SPARQL 的查询。

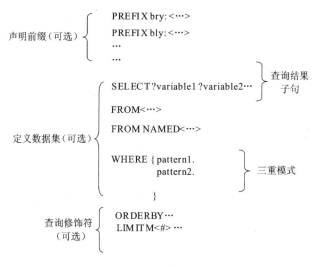

图 6-5　SPARQL 查询解析

在图 6-5 中,每个模式包括主语、谓语和宾语并且它们都可以是变量或文本,查询类别是已知文本和未知叶子结点作为变量,可以发生在多个模式来构成连接操作,因此,查询处理器需要和所有可能的变量绑定,这可以满足给定的模式并且从映射子句中返回绑定到应用程序。

6.2　基于本体的数字内容数据的查询方法

前面的章节已经描述了本体和逻辑语言之间的相互关系,深入探讨了知识在正式使用 DCsDL 时的表示方法,它为 DCs 本体模型和特定的 OWL 语言提供正式的基础。

虽然我们的意图是提高 DCsQM 以便可以有效地从 DCsSM 查询 DCs 本体数据,但对 SPARQL 查询语言造成的后果,我们可以看到 DCsDL 的两种模式:一是 DCsDL 与 SPARQL 查询流程进行交互的方式,二是从语义的角度来看 DCsDL 影响查询效率的方式。

形式化的语义查询对于 SPARQL 来说是有益的,因为:它作为一个工具来识别和派生构造函数之间的关系,这些关系是隐藏在用例中的;它标识冗余和矛盾的概念,推动并帮助查询引擎执行;它可以研究复杂性、表现力和自然数据库问题进一步查询重写和优化,SPARQL 的语义通过局部映射变得形式化,这种局部映射存在于模式的变量和 DCs 域中 RDF 图表实际值之间,这种形式化允许以一个简洁的方式处理部分答案,基于某些经典的关系代数运算符的扩展来完成部分映射。

我们开始形式化一套 SPARQL 语言语义查询的时候没有考虑 bnodes 在 RDF 上的模式。

6.2.1　利用 RDF 对数字内容市体数据进行查询

鉴于 DCs 本体域可以使用 RDF 图表方法使 DCs 数据正式地表示,RDF 图表方法允许 DCs 数据被 SPARQL 语言作为一个基于 DLG 表示法模式的图形下进行查询,它自然地考虑了基本的查询构造作为图表的操作,使得充分支持下的 RDF 格式序列化 DCs 本体数据。

由于序列化 RDF 数据模型基本上是 DLG,大量的查询可以检测到 RDF 的子图,这些子图满足一些路径表达式,这类图表的提取可以基于特殊的 RDF 属性(例如类继承),可以使用基于 RDF 类子属性 rdf:subclassOf,rdf:subpropertiesOf,rdf:type,rdf:domain/range 关系的 RDF 图提取属性域/范围,这类图表的结构不是很复杂,整个 RDF 图表的结可以带来更快的响应时间,SPARQL 图表表示模型(SQGRM)支持所有阶段的 SPARQL 查询处理,从解析到执行查询模块水平,SPARQL 基于匹配图表模式不同于 RDF 图模式,要定义图表模式,必须首先定义三元组模式,因为它可以导致许多不同的决策,但是在附近区域,基本图表模式匹配(BGP)表示为($\Phi_{\text{RDF-bgp}}$)。

一个三元组模式($\Phi_{\text{RDF-tp}}$)是类似于 RDF 的三元组,但选择使用变量代替使用 RDF 术语(例如 IRIs、文本或空白节点)在主语、谓语或对象的位置,$\Phi_{\text{RDF-bgp}}$ 是 SPARQL 中的构造块,它们是一个查询字符串中三元组模式的相邻序列,由于我们可能会面临的后果,如果可以区分以下类型的图形模式,效果会更好。

(1) 组图模式

这些都是图形模式建造出来的更一般的情形。①基本图模式 $\Phi_{\text{RDF-btp}}$;②筛选条件(FILTER);③可选图模式;④替换图形模式。

(2) 命名图案模式

$\Phi_{\text{RDF-bgp}}$ 是一组三元组模式写成的一连串的三元组模式(在必要时由句点

分隔),作为简单的连接表达为微积分,$\Phi_{RDF\text{-}bgp}$ 广泛捕获自然查询类,因此很适合为各种临时用户数据交互场景作为底层语言,如果我们想要将代数定义为 $\Phi_{RDF\text{-}bgp}$,让我们先假定有一组可数的原子 At,形成了三元组的可枚举集合,元素 At 在对应的 RDF 规范的 IRI/URI,文本和空白节点的取值范围。

因此,我们可以简单地定义一个三元组为一个对象,表示为

$$\Phi_{RDF\text{-}t} = (as, ap, ao) \in A \times A \times A \tag{6-1}$$

这里 $subject(\Phi_{RDF\text{-}t}) = as$,$predicate(\Phi_{RDF\text{-}t}) = ap$,$object(\Phi_{RDF\text{-}t}) = ao$,在方程 5-1 中,RDF 三元组现在可以扩展到 RDF 图定义,这样 RDF 图($\Phi_{RDF\text{-}g}$)被定义为是一组有限的三元组,这意味着主语的图形结点

$$S(\Phi_{\_}(RDF\text{-}g)) = \{subject(\Phi_{\_}(RDF\text{-}t)) \mid \Phi_{\_}(RDF\text{-}t) \in \Phi_{\_}(RDF\text{-}g)\}$$

谓语的图形结点

$$P(\Phi_{RDF\text{-}g}) = \{predicate(\Phi_{RDF\text{-}t}) \mid \Phi_{RDF\text{-}t} \in \Phi_{RDF\text{-}g}\}$$

客体或对象的图形结点

$$O(\Phi_{\_}(RDF\text{-}g)) = \{object(\Phi_{\_}(RDF\text{-}t)) \mid \Phi_{\_}(RDF\text{-}t) \in \Phi_{\_}(RDF\text{-}g)\}$$

最后,我们可以得出这个领域的表达,RDF 图是发生在 $\Phi_{RDF\text{-}g}$,定义为

$$At(\Phi_{RDF\text{-}g}) = S(\Phi_{RDF\text{-}g}) \bigcup P(\Phi_{RDF\text{-}g}) \bigcup O(\Phi_{RDF\text{-}g}) \tag{6-2}$$

6.2.2 利用 BGP 理论对数字内容市体数据进行查询

一般来说,SPARQL 是 RDF 数据基于图形模式和子图匹配的查询语言,基本的构造块从中构造更复杂的 SPARQL 查询模式,使用基本的图形模式(BGP)查询 DCs 本体数据,BGP 是一组都可以包含在主语、谓语和物体位置的查询变量的 RDF 三元组模式,它对正在查询匹配和匹配模式的结果都可以纳入 SPARQL 的语义。

SPARQL 查询的构造块基本图形模式下正式表示为 $\Phi_{RDF\text{-}Bgp}$,SPARQL 查询的 BGP 是一套三元组模式 $\Phi_{RDF\text{-}tp}$,它对应于 RDF 三元组 $\Phi_{RDF\text{-}t}$,这里可能会出现零个或多个变量,变量均取自无限集 Vvar,这是从上面提到的不相交集,一个到 $\Phi_{RDF\text{-}g}$ 源的 $\Phi_{RDF\text{-}Bgp}$ SPARQL 解决方案是从 RDF 查询变量映射的 μ,这样的 $\Phi_{RDF\text{-}Bgp}$ 中的变量替代会产生 $\Phi_{RDF\text{-}g}$(根据子图匹配的 RDF 语义定义)的一个子图,请注意,bnodes($\Phi_{RDF\text{-}Bnode}$)(作为源图中的 bnodes)在查询中被视为存在变量并且是不显著的变量。

如果 $\Phi_{RDF\text{-}gp}$ 是一种复杂的图形模式,那么 $[[\Phi_{RDF\text{-}gp}]]^{\Phi_{RDF\text{-}DS}}_{\Phi_{RDF\text{-}g}}$ 可以定义成表 6-1 所示。

表 6-1　SPARQL 和图表模式定义

Graph pattern $\Phi_{RDF\text{-}gp}$	Evaluation of $[[\Phi_{RDF\text{-}gp}]]^{\Phi_{RDF\text{-}DS}}_{\Phi_{RDF\text{-}g}}$
$\Phi_{RDF\text{-}gp}1$ AND $\Phi_{RDF\text{-}gp}2$	$[[\Phi_{RDF\text{-}gp}1]]^{\Phi_{RDF\text{-}DS}}_{\Phi_{RDF\text{-}g}} \bowtie [[\Phi_{RDF\text{-}gp}2]]^{\Phi_{RDF\text{-}DS}}_{\Phi_{RDF\text{-}g}}$
$\Phi_{RDF\text{-}gp}1$ OPT $\Phi_{RDF\text{-}gp}2$	$[[\Phi_{RDF\text{-}gp}1]]^{\Phi_{RDF\text{-}DS}}_{\Phi_{RDF\text{-}g}}$ OPT $[[\Phi_{RDF\text{-}gp}2]]^{\Phi_{RDF\text{-}DS}}_{\Phi_{RDF\text{-}g}}$
$\Phi_{RDF\text{-}gp}1$ UNION $\Phi_{RDF\text{-}gp}2$	$[[\Phi_{RDF\text{-}gp}1]]^{\Phi_{RDF\text{-}DS}}_{\Phi_{RDF\text{-}g}} \cup [[\Phi_{RDF\text{-}gp}2]]^{\Phi_{RDF\text{-}DS}}_{\Phi_{RDF\text{-}g}}$
$\Phi_{RDF\text{-}gp}1$ FILTER C	$\{\mu \mid \mu \in [[\Phi_{RDF\text{-}gp}1]]^{\Phi_{RDF\text{-}DS}}_{\Phi_{RDF\text{-}g}}$ and $\models \mu\ C\}$
μ GRAPH $\Phi_{RDF\text{-}gp}1$	$[[\Phi_{RDF\text{-}gp}1]]^{\Phi_{RDF\text{-}DS}}_{GRP(\mu)\Phi_{RDF\text{-}DS}}$
? x GRAPH $\Phi_{RDF\text{-}gp}1$	$\bigcup_{v \in names(\Phi_{RDF\text{-}DS})}([[\Phi_{RDF\text{-}gp}1]]^{\Phi_{RDF\text{-}DS}}_{GRP(\mu)\Phi_{RDF\text{-}DS}} \bowtie \{\mu? x \to v\})$

根据表 6-1 列出的正式定义指定 $\Phi_{RDF\text{-}gp}$ 的 SPARQL 可以通过递归推导出定义 $\Phi_{RDF\text{-}gp}$ 如下。

定义 1：给定的 RDF 图模式 $\Phi_{RDF\text{-}gp}$ 是简单的 RDF 三元组模式，组成了的单个的三份声明<S,P,O>或它组成与逻辑给出的三元组模式组

$$\Phi_{RDF\text{-}gp} := \Phi_{RDF\text{-}tp} \mid "("\Phi_{RDF\text{-}Ggp}")" \tag{6-3}$$

这意味着，如果 $\Phi_{RDF\text{-}gp}$ 的组成是 $\Phi_{RDF\text{-}gp}$ 组，那么查询执行应该是用最多的逻辑运算符（AND,UNION,FILTER GRAPH,OPT 等）执行所有单一图形的逻辑连接，我们可以推断出图形模式组是这样的：

$$\left.\begin{array}{l}\Phi_{RDF\text{-}Ggp} := \Phi_{RDF\text{-}gp} "AND" \Phi_{RDF\text{-}gp} \mid \Phi_{RDF\text{-}gp}\\ "UNION" \Phi_{RDF\text{-}gp} \mid \Phi_{RDF\text{-}gp} "OPT" \Phi_{RDF\text{-}gp} \mid \Phi_{RDF\text{-}gp}\\ "FILTER" C \mid n "GRAPH" \Phi_{RDF\text{-}gp}\end{array}\right\} \tag{6-4}$$

这里 $\Phi_{RDF\text{-}tp}$ 表示一个三元组模式；C 表示筛选器的约束，在 $n \in Vuri \cup Vvar$ 中，"$\mid$"代表逻辑运算符"OR"。

一个在 RDF 数据集 $\Phi_{RDF\text{-}DS}$ SPARQLC 图模式 $\Phi_{RDF\text{-}gp}$ 的评价是具有活性的 graph $\Phi_{RDF\text{-}g}$，简称

$$[[\Phi_{RDF\text{-}gp}]]^{\Phi_{RDF\text{-}DS}}_{\Phi_{RDF\text{-}g}}\ or\ [[\Phi_{RDF\text{-}gp}]] \tag{6-5}$$

若在上下文 $\Phi_{RDF\text{-}DS}$ 和 $\Phi_{RDF\text{-}g}$ 是明确的，则它可以递归地定义如下：

$$If\ \Phi_{RDF\text{-}gp} \to \Phi_{RDF\text{-}tp},$$

$$Then\ [\Phi_{RDF\text{-}gp}]]^{\Phi_{RDF\text{-}DS}}_{\Phi_{RDF\text{-}g}} = \{\mu \mid down(\mu) = Vvar(\Phi_{RDF\text{-}tp})\ and\ \mu(\Phi_{RDF\text{-}tp}) \in \Phi_{RDF\text{-}g}\}$$

$$\tag{6-6}$$

其中,$\mu(\Phi_{RDF\text{-}tp})$ 是根据 μ 映射代替($\Phi_{RDF\text{-}tp}$)中的变量所得到的三倍,这一决定是没有改变或 "implementation hint" 为 $\Phi_{RDF\text{-}Bgp}$ 匹配,更为正式的形式,成为 SPARQL 的基础。

6.2.3 利用 SPARQL 代数对数字内容市体数据进行查询

DCs 本体数据在 RDF 序列化格式下可以使用特殊的 SPARQL 代数表达式,作为一个离散的 SPARQL 查询过程从数据库中有效地检索 DCs 数据。

SPARQL 查询在处理工作流标识 SPARQL 查询表达式使用了等效的表现力和形式逻辑表示法,SPARQL 代数表达式是表现形式化的 SPARQL 查询,这里的 SPARQL 查询是基于语义模块化的 SPARQL 查询语言,为了从 DCs 本体模型中抽象出每个实体,SPARQL 查询代数模块中经常使用必要的概念,即是关于 RDF 正规化和我们不相交的无限集合 URI(IRIs),分别是指通过(Vuri)、空白节点(Vbnode)和文本(Vliteral),因此任何 RDF 语句组成的三元组(S,P,O)声明,让 $\Phi_{RDF\text{-}t}$ 成为一套 RDF 三元组,因此 RDF 三元组可以定义为

$$\Phi_{RDF\text{-}t} \in (Vuri \bigcup Vbnode) \times Vuri \times (Vuri \bigcup Vbnode \bigcup Vliteral) \quad (6\text{-}7)$$

如果我们定义连接 $Vuri \bigcup Vbnode \bigcup Vliteral$ by Tr 为一个 RDF 术语,那么

$$\Phi_{RDF\text{-}t} \in (Vuri \bigcup Vbnode) \times Vuri \times Tr \qquad (6\text{-}8)$$

现在来重新定义 RDF 图中 $\Phi_{RDF\text{-}g}$ 的 RDF 数据集,RDF 图是一组 RDF 三元组,如果 $\Phi_{RDF\text{-}g}$ 是一个 RDF 图,那么 $term(\Phi_{RDF\text{-}g})$ 就是出现在 $\Phi_{RDF\text{-}g}$ 三元组中 Tr 元素集的一套元素,且 $blank(\Phi_{RDF\text{-}g})$ 是一组出现在($\Phi_{RDF\text{-}g}$)的 bnodes。

$$\Phi_{RDF\text{-}g}(blank(\Phi_{RDF\text{-}g}) = term(\Phi_{RDF\text{-}g}) \bigcap V(bnode) \qquad (6\text{-}9)$$

因此,它被认为 SPARQL 查询总是对 RDF 数据集进行评述,默认 RDF 图表示一组 RDF 图,其中每个图由一个 IRI 标识,除了一个区别于其他的图形,我们现在可以正式定义一组 RDF 数据集($\Phi_{RDF\text{-}DS}$):

$$\Phi_{RDF\text{-}DS} = \{\Phi_{RDF\text{-}g}0 \{\mu1, \Phi_{RDF\text{-}g}1\}, \cdots, \{\mu n, \Phi_{RDF\text{-}g}n\}\} \qquad (6\text{-}10)$$

其中,$\Phi_{RDF\text{-}g}0, \cdots, \Phi_{RDF\text{-}g}n$ 是 RDF 图,$\mu1, \cdots, \mu n$ 是不同的 IRIs,且 $n \geqslant 0$,在数据集中,$\Phi_{RDF\text{-}g}0$ 是默认图,和成对的 $\{\mu1, \Phi_{RDF\text{-}g}1\}$ 是已命名图表,其中 μi 被命名为 $\Phi_{RDF\text{-}g}i$,假定每个数据集 $\Phi_{RDF\text{-}DS}$ 配有一个函数 $\delta\Phi_{RDF\text{-}DS}$,那么

$$\delta\Phi_{RDF\text{-}DS}(\mu) = \Phi_{RDF\text{-}g} \quad if \{\mu, \Phi_{RDF\text{-}g}\} \in \Phi_{RDF\text{-}DS} \text{ and } \delta\Phi_{RDF\text{-}DS}(\mu) = \theta \qquad (6\text{-}11)$$

此外,术语 name(Φ_{RDF-DS})代表一组命名为 Φ_{RDF-DS} 图表的 IRIs, term($\Phi\_$(RDF-DS)) 和 blank($\Phi\_$(RDF-DS))代表了一套在 Φ_{RDF-DS} 中出现的术语和空白结点,为了简单且不失一般性,我们假定在数据集中的图表有不相交的空白节点。

$$For\ (i=j, of\ a\ bnode, for\ the\ blank\ graph\ Gt) \quad (6-12)$$
$$Then\ blank(\Phi_{RDF-g}i) \bigcap blank(\Phi_{RDF-g}j)=\theta$$

正如在图 6-5 看到 SPARQL 算法的解析和 SPARQL 查询操作的官方语法,我们通常认为操作中的运算符为 GRAPH, OPTIONAL, UNION, FILTER 和通过指定符号点(.)运算符的结合,SPARQL 的查询语法还考虑左、右大括号"{}"识别不同的组模式和一些优先级和关联的隐式规则,因此为了避开 SPARQL 解析和处理的歧义,更传统的方法是在查询引擎中使用代数形式,例如,使用二进制运算符 AND (.), FILTER (FILTER), UNION (UNION), GRAPH (GRAPH) 和 OPT (OPTIONAL) 运算符。

在其他情况下,为了定义 SPARQL 查询解析器的代数语法,我们需要表达三元组 Φ_{RDF-tp} 和基本的图表模式 $\Phi_{RDF-bgp}$ 的概念,一个三元组是一个元组($\Phi_{RDF-tup}$),那么

$$\Phi_{RDF-tup} \in (Vuri \bigcup Vliteral \bigcup Vvar) \times (Vuri \bigcup Vrar) \times (Vuri \bigcup Vliteral \bigcup Vvar)$$
$$(6-13)$$

Vuri 代表 URI(IRIs), Vliteral 是变量, Vvar 分别是一组变量, Φ_{RDF-tp} 通常是 RDF 三元组(Φ_{RDF-t}),该三元组在某些地方被变量组 V 取代,再一次考虑三元组模式的定义和基本的图表模式,我们没有使用空白节点,只专注 meda 对象模式来匹配部分事件查询语言,现在使用一个简单的 SPARQL 图形模式表达我们定义的 SPARQL 图形模式,这个 SPARQL 图形模式以递归的方式如下定义。

在 RDF 图内的基本图形模式序列($\Phi_{RDF-bgp}$)也可以成为图形模式(Φ_{RDF-gp})。

如果 $\Phi_{RDF-gp}1$ 和 $\Phi_{RDF-gp}2$ 是图形模式,那么表达式($\Phi_{RDF-gp}1$ AND $\Phi_{RDF-gp}2$),($\Phi_{RDF-gp}1$ OPT $\Phi_{RDF-gp}2$) 和($\Phi_{RDF-gp}1$ UNION $\Phi_{RDF-gp}2$)都是图形模式(Φ_{RDF-gp}),AND 代表联合图形模式、OPT 表示可选图表模式,UNION 表示分别联合图形模式。

如果 Φ_{RDF-gp} 是一种图形模式且 X$\in$I $\bigcup$ V,那么(X GRAPH Φ_{RDF-gp})也是一种图形模式。

　　如果 $\Phi_{RDF\text{-}gp}$ 是一种图形模式且 R 是一个 SPARQL 内置条件,那么表达式($\Phi_{RDF\text{-}gp}$ FILTER R)是图形模式(一种过滤器图形模式)。

　　SPARQL 查询也有一个内置的条件,即构造时使用集合 (I ∪ L∪ V) 的元素和常量,逻辑连结词(如¬、∧、∨),逻辑 NOT、AND 和 OR,还包括有序符号(例如<、≤、≥、>),这意味着逻辑上的大于,大于等于,小于,小于等于和等于,一元谓词如绑定、isBlank 和 isIRI,再加上其他功能,其中绝大多数是表示为在查询表达式中的基数。

　　最后,我们可以推断出通过基于代数框架描述 SPARQL SELECT 查询结果表格形式语法的定义,因此可以说 A SELECT SPARQL 查询是简单一个元组 (W, $\Phi_{RDF\text{-}gp}$),这里 P 是 RDF SPARQL 图形模式,W 是一组变量,例如 W ⊆ Vvar($\Phi_{RDF\text{-}gp}$),在更多的表达式中,我们通过在图 5-6 SPARQL 语法中使用的算法——使用转换功能的三元组模式 $\delta\Phi_{RDF\text{-}tp}$ 来显示明显的优先级,为了增强可读性,假设 Triple Blocks $\Phi_{RDF\text{-}tb}$ 转换也被确定。

Algorithm: SPARQL query syntax into Algebraic syntax

Input: SPARQL graph pattern Φ_(RDF-Ggp)

Output: An Algebraic Expression E= δΦ_(RDF-tp)(Φ_(RDF-Ggp))

Begin

1　E←Φ ; FS←Φ

2　For each syntactic form f in Φ_(RDF-Ggp) do

3　If f is Φ_(RDF-tb) then E ← (E AND δΦ_(RDF-tp) (Φ_(RDF-tb)))

4　If f is OPTIONAL Φ_(RDF-Ggp) 1 then E ← (E OPT δΦ_(RDF-tp) (Φ_(RDF-Ggp) 1))

5　If f is Φ_(RDF-Ggp) 1 UNION ··· UNION Φ_(RDF-Ggp) n Then

6　If n> 1 then

7　E'←(δΦ_(RDF-tp) (Φ_(RDF-Ggp) 1)UNION,···,UNION(δΦ_(RDF-tp) (Φ_(RDF-Ggp) n))

8　Else E'←(δΦ_(RDF-tp) (Φ_(RDF-Ggp) 1)

9　E ← (E AND E')

10　If f is GRAPH VarOrIRIref (Φ_(RDF-Ggp) 1) then

11　E ← (E AND (VarOrIRIref GRAPH δΦ_(RDF-tp) (Φ_(RDF-Ggp) 1)))

12　If f is FILTER constraint then FS ← (FS∧ constraint)

13　End For

14　End

SPARQLWG 图形模式 $\Phi_{RDF\text{-}Ggp}$ 的评价是通过一系列的步骤,从转换 $\Phi_{RDF\text{-}Ggp}$,通过函数 $\Phi_{RDF\text{-}tp}$,进入中级代数表达式 E(操作符 BGP、UNION、LEFTJOIN,GRAPH 和 FILTER)和一个 RDF 数据集 $\Phi_{RDF\text{-}tp}$ 的最终评价。

例如,请考虑下面根据 SPARQL 官方语法写的 SPARQL 查询模式。

```
Prefix m:<……>
SELECT ?c ?y ?z
WHERE
{ ?q:age ?y
  FILTER (?y>40)
  ?q :knows ?z .
  ?z :homeCountry ?c
  FILTER (?c="Cuba")
  OPTIONAL {?z:phone ?p }
}
```

以上所示的 SPARQL 语法展示了图 6-5 中 SPARQL 的解析,做为一种单一的 RDF 组模式($\Phi_{RDF\text{-}Ggp}$),包含了 Triple Block($\Phi_{RDF\text{-}tb}$),Filter,Triple Block($\Phi_{RDF\text{-}tb}$),Filter 和可选的有序的 RDF 组模式($\Phi_{RDF\text{-}OGgp}$)的语法结构,可选的 RDF 组模式($\Phi_{RDF\text{-}Ggp}$)语法结构包含了一个 $\Phi_{RDF\text{-}Ggp}$,它是一个独立的 Triple Block($\Phi_{RDF\text{-}tb}$)的语法形式。

为了获得合法的执行和排序 SPARQL 查询,使用下面代数表达式的选项必须是在查询模块的执行过程中观察得到。

选项 1:一种可选模式,有一个公共变量与一个(或更多)基本的图形模式必须在基本图形模式后执行。

选项 2:若该变量不会出现在基本图中,则不能有两个选项使用一个公共变量。

6.2.4 利用 SPARQL Aggregate Function 对数字内容市侩数据进行查询

一种新型的 SPARQL 1.1 模型介绍了几个聚合函数,当我们在 DCs 本体数据上创建一个复杂的查询,例如 COUNT,SUM,AVG,MIN,MAX,SAMPLE,GROUP_CONCAT,所有这些有一个主要的功能即在查询操作中去制约 RDF 模型,其中大多数是基数函数规则。

6.2.4.1 SELECT 结果形式的基数规则

非正式地,对于多集语义,在 SELECT 查询 $q = (W, \Phi_{RDF\text{-}gp})$,我们只是简单地采取在变量上选取解的投影 $\Phi_{RDF\text{-}gp}$,变量 W 不会丢弃重复项。正式地,给定一个 SELECT 查询 $q = (W, \Phi_{RDF\text{-}gp})$ 和在数据集 $\Phi_{RDF\text{-}DS}$ 中答案 q 的一个映射 μ,我们定义 μ 的基数($\Phi_{RDF\text{-}card}$)为

$$\sum_{v|_w = \mu} \Phi_{RDF\text{-}card[[\Phi_{RDF\text{-}gp}]]}^{\Phi_{RDF\text{-}DS}} (V_{var}) \tag{6-14}$$

基于使用 OWL 2 标准新方法的类表达式;该表达式通过在查询执行过程中对对象属性表达式的基数限制,从而在 DCs 域内形成正规化 DCs 类属性,上一章我们将定义 A 基数限制为概念表达限制,形式为

$$(P(x) \geqslant n\ C), \quad (P(x) \leqslant n\ C, P(x) = C)\ or\ (\exists!x:P(x)\ n\ C)$$

其中,C 是一个概念,n 为非负整数,而 P(x) 是概念性质之间的关系,概念基数制约 RDF 数据集的具体数量,它可用于查询 DCs 域概念实例的数量。

我们下面举例说明这一点。假定 $\Phi_{RDF\text{-}t}$ 是一组三元组数据,$SC(\Phi_{RDF\text{-}t})$ 是一组特征集,$COUNT(S) = \{s | SC(s) = Sg\}|$,我们可以通过查找特征集出现的次数来计算 star-join 查询基数的结果:

```
Query:
SELECT DISTINCT ?Φ_RDF-p Subject
WHERE {?Φ_RDF-t Subject<Φ_RDF-p Predicate1>?Φ_RDF-p Object1;
       < Φ_RDF-p Predicate2>?Φ_RDF-p Object2.}
```

从给定的查询示例,可以通过声明 SPARQL 查询基数推断查询基数:

$$\sum s \in (s | s \in s_c(\Phi_{RDF\text{-}t}) \wedge \{\Phi_{RDF\text{-}p} Predicate^1 . \Phi_{RDF\text{-}p} Predicate^2\} \subseteq Scount(s) \tag{6-15}$$

在基数计算内的限制是确定什么是确切需要的。

6.2.4.2 RDF 图表的最小和最大值

基数限制也可以用于定义或评估 RDF 图的大小,这是在 DCs 域通过确定的 RDF 图的大小,它还提供了许多功能,例如:

(1) 组的分区结果分别为基于 GROUP BY 子句中的表达式;

(2) 评估预测和聚合函数在 SELECT 子句以获得每个组的一个结果;

(3) 聚合的筛选结果通过 HAVING 子句。

　　这些通常用来在查询应答中限制 SPARQL 查询模式,为最大和最小基数 SPARQL 查询的大小$|\Phi_{RDF\text{-}gp}|$(即它包含的语句数目),在 RDF 图中表示为函数 $\Phi_{RDF\text{-}gp}$,统计记为 $\delta\Phi_{RDF\text{-}gp}$,反之亦然。

　　假设我们打算使用几个示例,这些示例是基于 RDF 图且相对于一组特定值 $Vn=\{v1,\cdots,vn\}$,将这些总体记为图。

　　对于 RDF 图最小集:返回组中给定变量的最小值。

　　让 $\delta\Phi_{RDF\text{-}gp_{min}}(n)$成为 RDF 图中有最小值集的 Vn,

$$\delta\Phi_{RDF\text{-}gp}=\{\delta\Phi_{RDF\text{-}gp}1,\cdots,\delta\Phi_{RDF\text{-}gp}k\}\ \text{with}\ k=\frac{n}{3}$$

$$\delta\Phi_{RDF\text{-}gp}i=(V3i-2,V3i-2,V3i)\ \text{for}\ 1\leqslant i\leqslant k$$

$$\delta\Phi_{RDF\text{-}gp}i=\begin{cases}(Vn-2,Vn-1,Vn) & n\equiv0(\bmod\ 3)\\(Vn-1,Vn,Vn) & n\equiv0(\bmod\ 3)\\(Vn,Vn,Vn) & n\equiv0(\bmod\ 3)\end{cases}\quad(6\text{-}16)$$

　　因此我们可以非正式地认为 $\delta\Phi_{RDF\text{-}gp_{min}}$ 为一个最小的 RDF 图,因为 SPARQL 功能送回结果有关于总体的说明以及一组值 Vn 最小数量。

　　对于 RDF 图最大集:返回组中给定变量的最大值。

　　让 $\delta\Phi_{RDF\text{-}gp_{max}}(n)$成为 RDF 图中有最小值集的 Vn,

$$\delta\Phi_{RDF\text{-}gp_{max}}n=\bigcup_{i,j,k\in\{1,\cdots,n\}}(v1,v2,v3)\quad(6\text{-}17)$$

　　因此我们可以非正式地认为 $\delta\Phi_{RDF\text{-}gp_{max}}n$ 为一个最大的 RDF 图,因为 SPARQL 功能送回结果有关于总体的说明以及一组值 Vn。

6.3　DCsQM 的 Query-answering

　　交替表征的查询应答,依赖于从 RDF 图查询模式到 RDF 知识库蕴含之间映射的对应关系,通过代数运算定义 SPARQL 查询构造,现在我们来考虑查询 RDF 事实,从中选择 SPARQL 查询作为我们的查询语言,因此 SPARQL 查询的结果可以返回或呈现各种格式设置。

　　XML:SPARQL 指定一个 XML 词汇表来返回结果。

　　JSON:一个 JSON "port" 的 XML 词汇表,对于 Web 应用程序很有用。

　　CSV/TSV:简单的文本形式表示理想的用于导入的电子表格。

　　RDF:确定的 SPARQL 结果子句触发 RDF 的响应,反过来可以在多种方式下序列化(RDF/XML,N-Triples,Turtle 等)。

HTML：当使用交互式表单处理 SPARQL 查询，通常通过将 XSL 转换应用 XML 结果实现。

SPARQL：它是基于基本 RDF 数据的图模型，图 6-6 概述了 SPARQL 1.1 的格式。

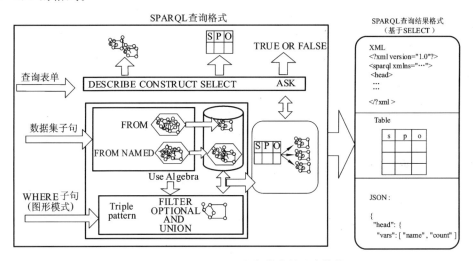

图 6-6　SPARQL 1.1 查询格式的基本结构

6.3.1　简单查询

一个简单的选择查询语句由 SELECT 查询语句定义为 RDF 元组（$\Phi_{\text{RDF-tup}}$），用 SPARQL 查询模式来查询 DCs 本体数据与 DCs 域内的简单行为，SPARQL SELECT 子句允许定义的变量在查询中要返回的值，SELECT 结果子句返回一个变量表及其值，其值直接满足查询和它们的绑定表，它结合了引入新变量投影到查询解决方案所需的变量的操作，简单的选择语句可以作为简单的 SPARQL（W，$\Phi_{\text{RDF-gp}}$）语句定义，这里 W $\subseteq$ Vvar，代表一个简单的查询获得一组有限的变量 Vvar，图形模式 $\Phi\_$（RDF-gp），给出了映射 μ：Vvar→$\Phi_{\text{RDF-tp}}$是三元组模式的函数和一组变量 W $\subseteq$ Vvar，限制 μ 到 W，记为 $\mu\,|\,\text{W}$，是一个这样的映射：

$$\Phi_{\text{RDF-domain}}(\mu\,|\,\text{W})=\Phi_{\text{RDF-domain}}(\mu)\bigcap\text{W and} \qquad (6\text{-}18)$$

$$\mu\,|\,\text{W}(?X)=\mu(?X)\text{ for every }?X\in\Phi_{\text{RDF-domain}}(\mu)\bigcap\text{W} \qquad (6\text{-}19)$$

（W，$\Phi_{\text{RDF-gp}}$）在数据集中的答案是一组映射：

$$\{\mu\,|_{\text{W}}\,|\,\mu\in\,[\![\,\Phi_{\text{RDF-gp}}\,]\!]^{\Phi_{\text{RDF-DS}}}\} \qquad (6\text{-}20)$$

SELECT 查询语句是 RDF 元组 $\Phi_{RDF\text{-}tup}$ 的 SPARQL 查询模式,当变量名列表在 SELECT 子句给出时,它定义了结果指定变量和它们的绑定返回形式,语法 SELECT * 是缩写,选择所有的变量都是在 RDF 数据集的范围内从点上查询,简单查询语句并不会包括任何限制功能,例如 FILTER、UNION等,只能检索简单图形模式和 Use of SELECT * ,当查询没有 GROUP BY 子句时才会获得批准。

图 6-7 表示了模式的简单查询,简单的 SPARQL 语法更加开放,我们可以在简单查询内反应的是在结果显示期间限制 DCs 数据集数目的能力,还可以重新排列我们已经查询了的数据。

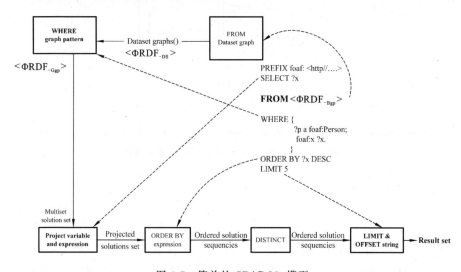

图 6-7　简单的 SPARQL 模型

6.3.2　复杂查询

作为一种新兴的和最规范的查询语言,SPARQL 查询有一个额外普通的函数,当它需要从 Oracle NoSQL 数据库提取 DCs 本体域的复杂 RDF 图形模式时,允许用户写更通用和更复杂的查询,复杂的 SPARQL 查询语法只会略有涉及,特别是当额外使用 Aggregate Function 时 SPARQL 查询的复杂性就已经决定了,更加复杂的 SPARQL 查询时的构造是基本图形模式($\Phi_{RDF\text{-}Bgp}$)通过使用投影(SELECT 运算符)、左联接(OPTIONAL 运算符)、连接(UNION运算符)和约束(FILTER 运算符),这些操作的语义被定义为代数运算

$\Phi_{RDF\text{-}Bgp}$的解决方案,因此,替代语义替换简单图的匹配条件可以被简单为$\Phi_{RDF\text{-}Bgp}$地提供一个不同的解决办法。

图 6-8 表示复杂的 SPARQL SELECT 查询语句的模型,它显示了更多的限制和更复杂的 SPARQL 语法。SPARQL 查询的复杂性用于复杂化 DCs数据类的表达式,关于以前 SPARQL 1.0 的挑战引起的问题,SPARQL 1.1最新发布的版本已经给出了很多解决办法。SPARQL 1.1 使得语义和本体工程师满意其查询功能,它可以满足在本体存储中复杂的 RDF 数据查询大多数和必要的功能需要,例如聚合函数 Min,Max,Average,Count,Distinct等,每一天用户使用 SPARQL 的数量都在增加。另一个有趣的事情是使用ALGEBRAIC 表达式的能力,为其创建一些限制并在查询执行过程中直接查询特定源的 DCs 域,基数限制 FILTER,UNION,OPTIONAL 运算符的使用是使 SPARQL 看起来像 SQL 查询语言模式,复杂的 SPARQL 查询亦允许在结果中显示,在使用 LIMIT 操作时限制数据集的数量,也为我们通过使用ORDER By 操作的查询结果进行数据重排。

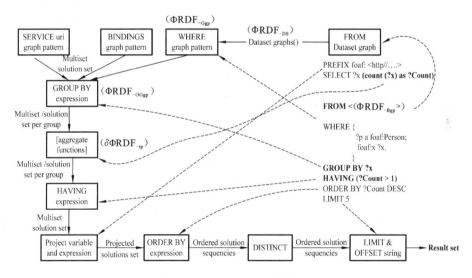

图 6-8　SPARQL 查询的复杂性

6.3.2.1　OPTIONAL

OPTIONAL 相对于 UNION 是较为常见的,它们在 OPTIONAL 都有用途,虽然 UNION 操作在串联两种解决方案时更有用,但 OPTIONAL 运算符在增加发现解决方案上更加有用,在从 DCSM 查询一种单一的三元组模式时,有可能是用户想要增加额外的 DCs 变量,即使没有为这些变量赋值,我们仍然可以选择返回结果集。例如,如果我们想要为用户从 Friend of Friends (FOF) RDF 图表返回名称、主页和电子邮件地址,那么我们可能会用一张空表结束返回请求,因为并不是所有的用户已经设置电子邮件地址或他们的个人主页,但我们仍想知道他们的名字,在这种情况下,使用 OPTIONAL 运算符响应查询是很有用的,避免了查询执行与查询结果期间可能出现的不必要的错误。

OPTIONAL {?　$\Phi_{RDF\text{-}gp}$ Subject $\Phi_{RDF\text{-}gp}$ Predicate ?　$\Phi_{RDF\text{-}gp}$ object}给出的可选操作的例子是 SPARQL:Optional 实例,这里特性($\Phi_{RDF\text{-}gp}$ Predicate)用来指出可选元素(存储为 rdf:List)的列表。

6.3.2.2　UNION

一个 UNION 运算符允许指定多个不同的图形模式,然后需要融入所有这些模式的数据进行组合,组合操作例如 UNION($\Phi_{RDF\text{-}gp}$a, $\Phi_{RDF\text{-}gp}$b)是联合两个输入 RDF 图模式 $\Phi_{RDF\text{-}gp}$a 和 $\Phi_{RDF\text{-}gp}$b。

在实践中,当用户想要与多个 RDF 模式匹配 UNION 时,运算符允许返回解决方案集,一般来说在 SPARQL 中 UNION 运算符可以用于指定一个图形模式,该图形模式可以适用如果一个丢失其他几个子元素匹配的匹配模式,假定有两个 RDF 图形模式($\Phi_{RDF\text{-}gp}$a, $\Phi_{RDF\text{-}gp}$b) 作为在我们第一次定义中提到的,那么

($\Phi_{RDF\text{-}gp}$a={?　$\Phi_{RDF\text{-}gp}$ Subject $\Phi_{RDF\text{-}gp}$ Predicate ?　$\Phi_{RDF\text{-}gp}$ object1}

UNION

$\Phi_{RDF\text{-}gp}$b ={?　$\Phi_{RDF\text{-}gp}$ Subject $\Phi_{RDF\text{-}gp}$ Predicate ?　$\Phi_{RDF\text{-}gp}$ object2})

在给定的 SPARQL 上例中,UNION 运算符可以用于指定如果一个丢失其他几个子元素匹配的匹配模式的 RDF 图形模式。

6.3.2.3　FILTER

FILTER 运算符采用单个参数取决于设置表达式,这变得如我们期望的那样复杂,只要它返回一个布尔值,一个筛选操作 FILTER($\Phi_{RDF\text{-}p}$1, $\Phi_{RDF\text{-}t}$0) 是输出的三元组 $\Phi_{RDF\text{-}p}$中的操作,满足 $\Phi_{RDF\text{-}p}$0 中指定的谓词条件。

在"{}"内使用 FILTER 子句,它被用作 RDF 三元组的限制功能之一,也

被归类为 SPARQL 查询语法中 WHERE 子句的一条分句,FILTER 操作始终驻留在 WHERE 子句中,FILTER 操作是限制 RDF 模式(Φ_{RDF-p})结果的功能,它允许内在过滤的结果依赖于一定的条件,最常见用于筛选文本、数字和日期来指定某一特定结果,例如,如果我们想要筛选查询请求中的一些文本,就可以使用下面的 FILTER 操作。

FILTER regex(? Φ_{RDF-p} object,' ^FILTER_conditiontext ',' i ')

给定的示例允许用户比较两个文本字符串的正则表达式操作,其中 Φ_{RDF-p} 可能表示任何三元组模式值对象的名称、地址等,FILTER_condion ? Φ_{RDF-p} object 和 FILTER_condition. 之间对比的文本字符串,插入符号(^)用于指示的字符串? Φ_{RDF-p} object,必须从' FILTER_condition '开始,不只是存在于某个字符串内,' I ' 是第三个参数内的正则表达式操作,表示的是正则表达式是大小是否敏感。

在某些情况下,我们可以使用 FILTER 操作筛选数目,以在此过滤通常意味着内查询窗体中数目的基数限制,操作符例如大于(>)、大于等于(≥)、小于(<)及小于等于(≤)均在查询操作过程中采用特定的值,FILTER 子句允许不平式现象(和等式)来定义作为筛选的标准,如,

FILTER (? Φ_{RDF-p} object>=FILTER_conditionnumber)

也可以通过指定使用 FILTER 筛选操作来限制三元组数据,下面的筛选器示例是 FILTER 操作的日期概述:

FILTER(? Φ_{RDF-p} object>= xsd:dateTime(' FILTER_conditiondate '))

给定的示例演示如何使用 Filter 元素存储为有空节点,该空节点 SPARQL:Filter 作为它们的 rdf:type,空白节点必须有一个精确的属性值为 SPARQL:expression,指向可以评估为 true 或 false 的表达式。

6.3.2.4　GROUP BY($\Phi_{RDF-Ggp}$)

它允许所有 RDF 图形模式都组合在一起,GROUP BY 子句的目的是允许一个或多个属性的聚合,当你想要使用数学函数在 SELECT 子句中的变量上时,这个特别有用。另外,GROUP BY 子句可以列出一个或多个变量,用来将(预聚合)结果集分成多个组的结果,将一个组的 GROUP BY 子句中的变量绑定的每个不同的组合结果,GROUP BY 子句添加前后任何 ORDER BY 子句的查询模式 (WHERE 子句),每个查询都有 GROUP BY 子句可能映射的变量 (和涉及变量的表达式),这将简单地在 GROUP BY 子句中提及。

6.3.2.5　ORDER BY

日期示例上的筛选器限制工作流的返回。首先列出最新的工作流，DESC 操作表示按降序排序结果，在这种情况下，最新的工作流排在第一位，如果想让结果升序排列则不需要任何操作，如果想要排序第二个准则，只需在第一位之后添加，例如，用最新类型优先的方法进行工作流类型排序，因此，如果 ORDER BY 语句中存在一个 SPARQL 查询，那么查询对象都具有一个属性 SPARQL：orderBy 指向一个 rdf：List，此列表中的成员不是表达式 SPARQL：Asc 或 SPARQL：Desc 的空白节点类型，即已存储为 SPARQL：expression 属性的值的表达式，并且结果集必须以降序或升序排列。

6.3.2.6　LIMIT

有时你可能不希望得到所有可能的结果，LIMIT 子句允许限制返回多少结果。

6.3.3　查询结果的形式

我们注意到 CONSTRUCT 查询可以用于提取有趣的子图，满足某些特定的语义属性，结合多个路径查询和使用的 CONSTRUCT，可能有常见的相交点，可能会导致创建语义丰富的子图，CONSTRUCT 查询窗体返回图模板所指定的单一 RDF 图 $\Phi_{RDF\text{-}g}$ 其结果是形成每个查询的解决方案的解序列、替代图模板中的变量、将三元组组合成一个单一的 RDF 图集联合的 RDF 图。

如果任何此类实例化生成包含未绑定的变量或非法的 RDF 构造，例如，中文主语或谓语位置，那么该三元组不包括输出 RDF 图，图模板可以包含没有变量（称为地面或显式三元组）的三元组，而这些也出现在由 CONSTRUCT 查询窗体返回的输出 RDF 图中。让我们从 RDF 三元组模板 $\Phi_{RDF\text{-}t}$ 开始，即我们定义的一个有限子集（T $\cup$ Vvar）$\times$（Vuri $\cup$ Vvar）$\times$（T $\cup$ Vvar），在给定的映射 μ 和模板 $\Phi_{RDF\text{-}BNode}$ 中，有 $\mu(\Phi_{RDF\text{-}BNode})$ 是在 $\Phi_{RDF\text{-}BNode}$ 中每个变量？X$\in\Phi_{RDF\text{-}domain}(\mu)$ by $\mu(? X)$ 的替换结果，并且留下不变变量，此外，blank($\Phi_{RDF\text{-}BNode}$) 是被定义在 $\Phi_{RDF\text{-}BNode}$ 的空白节点的集合。

一种 CONSTRUCT 查询语句是 RDF 元组 $\Phi_{RDF\text{-}tup}$ 的 SPARQL 查询模式，定义为 Q＝($\Phi_{RDF\text{-}BNode}$，$\Phi_{RDF\text{-}gp}$)，这里 $\Phi_{RDF\text{-}BNode}$ 是一个模板，$\Phi_{RDF\text{-}gp}$ 是一个图

形模式。

让 $\Phi_{\text{RDF-DS}}$ 成为一个数据集并考虑一套固定的重命名功能,比如:

$$F = \{f\mu \mid \mu \in [[\Phi_{\text{RDF-gp}}]]^{\Phi_{\text{RDF-DS}}}\}$$

那么数据集 $\Phi_{\text{RDF-DS}}$(与重命名函数 F)中的答案 Q 是 RDF 图:

$$(\mu(f_\mu((\Phi_{\text{RDF-BNode}}) \bigcap ((V_{\text{uri}} \bigcup V_{\text{bnode}})X(V_{\text{uri}} \bigcup V_{\text{literal}} \bigcup V_{\text{bnode}})))) \qquad (6\text{-}21)$$

这是 RDF 元组 CONSTRUCT 查询的答案,是 RDF 元组 $\Phi_{\text{RDF-tup}}$ 在数据集 $\delta\Phi_{\text{RDF-DS}}$ 中 SPARQL 查询模式,被定义为三元组 $(\mu(f_\mu(\Phi_{\text{RDF-BNode}}))$ 的 $\mu \in \Phi_{\text{RDF-gp}}]]^{\Phi_{\text{RDF-DS}}}$ 格式良好的 RDF 三元组集合相交,以确保结果集是有效的 RDF 图,CONSTRUCT 查询窗体提供了很好的例子,即 SPARQL 如何优于一种查询语言;随着使用查询提取数据,我们也可以创建有用的新数据,另一方面,CONSTRUCT 查询窗体是替代的 SPARQL 查询结果子句为 SELECT 查询的格式,而不是返回的结果值表,CONSTRUCT 查询返回 RDF 图 $\Phi_{\text{RDF-g}}$。

本章建立了基于 DCs 数据和查询 DCs 本体数据的 DCsQM,其中包括高级别和低级别的动态属性和关系的复杂结构的技术,DCsQM 使用 SPARQL 查询语言从 Oracle NoSQL 数据库通过 Apache Jena API 应用程序平台检索 DCs 数据,DCsQM 这项研究的贡献是对引进 SPARQL 查询层到 Oracle NoSQL 数据库进行有效地检索 DCs 数据,DCsQM 使用 SPARQL 代数方法和聚合函数,以便在数据库中的 DCs 本体域提供每个隐藏节点的提取机制,最后,我们提供了一个建设性的算法来转换 SPARQL 查询模型为更多的功能独立的算法和代数表达式。

7 数字内容数据管理应用

本章主要介绍应用 OntoBSCs 模型（例如 DCsSM、DCsAM 和 DCsQM）的一些实例。在对数据库中的媒体数据进行查询或访问、存储等操作之前，检查和理解媒体数据是非常重要的。众所周知，存储、访问和查询任何实体的本体域是非常困难的，就如同需要从关系型数据库中查询数据一样。所以，只有理解了该本体所反映的领域及其存储在数据库中的数据，才能使这个问题变得简单。这不同于用户通过搜索引擎从 Web 数据库中搜索的特定信息，而是通过特定的算法集的操作来进行目标查询，这些算法从一个特定的数据集获取所有的索引信息。

7.1 数字内容数据的表示

本章使用不同的方法在语义层整合本研究成果。为处理数字内容数据，首先必须了解 DCs 数据的本身特性或内部结构，然后创建机制对每个 DCs 的隐藏概念的抽象。

第一步是使用 MSegT 方法来提取媒体数据的内在行为，例如，提取能唯一标识媒体对象的成分，或提取媒体对象表示的动态概念或静态概念等。下一步，通过采用 Dublin 核心元素来描述媒体数据的外在行为或媒体实体的对象特征，来描述基于事件特征或对象特征的 DCs。表 7-1 提供了最常见的对象特征，这些对象特征表达了在 W3C 媒体查询推荐列表上的每个媒体对象的外在行为。

表 7-1 基于 Dublin 核心元素的 DCs 媒体对象

序号	DCs 对象特征	DCs 对象特征描述	DCs 对象特征值的类型
1	作者	指明 DCs 第一作者的名字	String Value
2	日期	DCs 创作日期和时间	Date and Time Value
3	格式	DCs 文件类型	JPEG，AVI，MP3，MP4，docx 等
4	语言	DCs 语言，即媒体数据的描述语言	String Value，例如 English，Chinese，Arabic 等

序号	DCs 对象特征	DCs 对象特征描述	DCs 对象特征值的类型
5	标题	DCs 数据的名称	String Value
6	颜色	每个颜色中 RGB 成分的比特数	String Value
7	大小	媒体数据的容量	Integer Value
8	文本注释	DCs 媒体数据的简介及其组成	String Value
9	分辨率	提供内容的分辨率类型	String Value

　　DCs 对象特征可用于对 DCs 媒体对象的语义描述,便于和利于对 DCs 的媒体对象的提取、查询或检索。图 7-1 表示 DCs 域中的提取媒体对象的全过程。此外,我们采用形式化技术预定义 DCs 本体论域表达的逻辑含义。然后概述一个提取 DCs 域形成媒体对象概念的 RDF 类时的原则,通过 RDF 图、DLG 图和 OWL 语言,提供一个代表提取 DCs 域的逻辑定义。

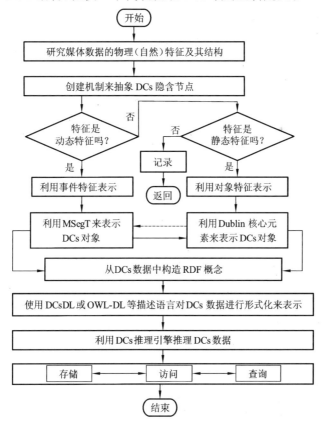

图 7-1　DCs 数据表示技术

在 RDF 图中表达 DCs 数据的前提下,我们认为用节点和边来表达 DCs 域的 RDF 图=(Nnode,Eedge),这里的 Nnode 是在 RDF 模型中属于所有类的一个元素集,Eedge 表示 DCs 数据的对象。最后,利用 DCsDL 和 OWL-DL,构建一个 DCs 推理模块推理 DCs 数据,其中 DCsDL 和 OWL-DL 表示推断的数据逻辑定义。

7.2　数字内容数据的存储

该存储模型允许我们以 RDF 图数据的三元组或四元组形式存储 DCs 数据,例如存储在 Oracle NoSQL 数据库中的键值对。因此,在 NoSQL 数据库中,每个三元组或四元组被建模成一组 Key/Value 对。每个 DCs 数据图以四个为一组,在 Oracle NoSQL 数据库中,作为键值对来存储和编码。这些键值对被用来回答 SPARQL 查询。特别是每一个 SPARQL 查询模式转化为一个对 Oracle NoSQL 数据库来说多得多的 API 调用,由此产生的键值对与来自其他查询模式相结合形成的结果集给客户。数字格式的媒体数据存储使得它们从一个设备传送到另一个设备变得更加容易,以一种有用的和新颖的方式,提高了实现和操作过程。URIs 的规格和数据库中语义数据存储需要满足以下条件:

第一,主体必须是一个 URI 或空白节点;

第二,一个属性必须是一个 URI;

第三,一个对象可以是任何类型,例如一个 URI、空白节点或文字(但不支持空值和空字符串)。

此外,所提出的存储模型能存储 DCs 数据,用户在以下两种模式下生成这些 DCs 数据。

第一,一个完整的 RDF 文件或 OWL DCs 数据文件,Oracle NoSQL 数据库允许同时使用并行处理和批量加载技术来将 DCs 数据插入到数据库中。在加载操作时这种方法需要一个现成的 RDF 数据文件。

第二,DCs 本体域的一组单独的 DCs 图模式,该方法利用 SPARQL 操作来将 RDF 图添加和更新到数据库,例如 INSERT、CONSTRUCT 和 UPDATE 操作。

下面讨论如何通过加载技术来存储 DCs 数据。

为了把包含上百万条 DCs 记录的 RDF 数据文件加载到 Oracle NoSQL 数据库中,我们使用 RDF 图功能中现有的加载技术来加快任务。同时,也可以使用并行加载技术和批量加载技术,通过微调整,在调用 OracleDatasetGraphNoSql 类中的加载方式时指定并行程度和批量大小管理。

（1）使用批量加载机制的 DCs 文件存储实例

考虑下面的例子，见图 7-2。

```
public static void main(String[] args) throws Exception
{
    String DBStoreName=args[0];
    String DBHostName=args[1];
    String DBHostPort=args[2];
    int iBatchSize=Integer.parseInt(args[3]);
    int iDOP=Integer.parseInt(args[4]);
    //database connection
    OracleNoSqlConnection conn=OracleNoSqlConnection.createInstance(
                        DBStoreName,DBHostName,DBHostPort);
    // Create database datasetgraph
    OracleGraphNoSql graph=new OracleGraphNoSql(conn);
    DatasetGraphNoSql datasetGraph=DatasetGraphNoSql.createFrom(graph);
    graph.close();
    datasetGraph.clearRepository();
    // The DCs N- QUADS data file is loaded into the database
    DatasetGraphNoSql.load("DCs-Audio.owl",
            Lang.NQUADS,conn,http://DCs-Examples.org",iBatchSize,iDOP);
    // Create the Dataset from the database to execute the query
    Dataset ds=DatasetImpl.wrap(datasetGraph);

    String DBQuery="SELECT * WHERE{graph ?g{?s ?p ?o}}";
    System.out.println("Execute query "+DBQuery);
    Query query=QueryFactory.create(DBQuery);
    QueryExecution qexec=QueryExecutionFactory.create(query,ds);
    try {
            ResultSet results=qexec.execSelect();
            ResultSetFormatter.out(System.out,results,query);
        }
    finally
        {
            qexec.close();
        }
    ds.close();
    conn.dispose();
    }
    }
```

图 7-2　将 RDF 数据加载到数据库中

图 7-2 中的例子把在序列化的 RDF/OWLDCs 数据文件中的 DCs 本体文件加载到数据库中,因此使用并行加载技术。加载技术采用并行性和批量大小的方法,这些方法被并行的输入参数(iDOP)和各个文件的批量大小(iBatchSize)所控制,

使用 SPARQL 操作来存储 DCs 数据。该方法采用普通技术通过指定 SPARQL 查询操作,例如 INSERT、CONSTRUCT、和 UPDATE 操作,将 DCs RDF/OWL 文件添加到数据库。它能够插入和更新 RDF 数据,并保存到数据库中。这种方法虽然更安全、更精确,但唯一的缺点是比加载慢。

(2) 使用 SPARQL 操作的 DCs 文件存储实例

考虑下面的例子,见图 7-3。

```
PREFIX DCa:<http://www. DCs-Examples.org />
INSERT DATA
{
  GRAPH< http:// www.DCs-Examples.org /DigitalAudio> {
      DCa:RnB DCa:hasName "Falling Night" .
      DCa:peter DCa:hasLenth "12mins"
    }
};

DELETE DATA
  {
GRAPH< http://www. DCs-Examples.org/>{DCa:RnB DCa:hasName "Falling Night"
}
```

图 7-3 将 RDF 数据插入到数据库的常规模式

此操作将更新数据库,选择语句一旦运行,将有如下结果,如表 7-1 所示。

表 7-1 查询结果

S	P	O
< http://www. DCs-Examples. org/ RnB#1/>	< http://www. DCs-Examples. org/ hasName/>	Falling Night
< http://www. DCs-Examples. org/ …>	< http://www. DCs-Examples. org/ …/>	…

7.3 数字内容数据的访问

大量的用户政策和完善的查询重写层组成了访问模型,我们的目标是为提高数据安全性和数据查询的性能提供一个基于 DCs 数据的建设性访问模型。我们的努力依靠传统的 OntoBDAM 改进 Q-RBACM。尽管与查询模块相关,该模型有一个额外的安全层来限制未经授权的用户访问存储的数据,借此来提高查询和数据访问性能。访问模型与 DCs 域直接连接,从而在访问层里 OntoBDAM 通常被定义为三元组=(T,S,Mp)。换句话说,该定义可以被扩展为四元组

$$\Omega B = (T, S, Mp, Cv)$$

其中,T 代表一个本体意向层,我们认为元素 T 是 DCsDL-TBox 的一员;S 被定义为数据库的联合源,Cv 代表图模式的 URI,Mp 是映射集中的一员,每一个元素的形式为);

$$\varphi Q(\mathbf{x}^1) \sim \beta Q(\mathbf{x}^2)$$

其中,$\varphi Q(\mathbf{x}^1)$ 是数据源的 FOL 查询 (S),返回的是 $\mathbf{x}^1$ 的 $\Phi_{RDF\text{-}t}$ 元组的值,即它与 DCs 知识库的查询相关,而 DCs 知识库 Σr 与 Mp 相映射;$\beta Q(\mathbf{x}^2)$ 是一个在概念模型 T 上的 FOL 查询,概念模型 T 的自变量 $\mathbf{x}^2$ 来自或被认为是字母表 Σo 上的连接查询 CQ。这些数据都是数据库中的 DCs 数据。

DCsAM 允许用户通过实施用户策略来访问一个特定的媒体数据类型,并使用逻辑 DCsDL 在用户和 DCs 数据之间建立逻辑证据以实现用户的访问控制策略。

该访问模型采用连接查询增加在数据访问层的有效率。在数据访问层中,查询主要有两个特性:

第一,连接查询 CQs 没有分离,没有否定,没有全称量词化;

第二,与 SPARQL/关系代数 select-project-join (SPJ) 查询中最频繁的查询项相对应。

一个用户可以发布从 DCs 数据库中取出 DCs 数据的多个查询。对于一个给定的知识库,不是所有的查询都会得到正确的回应。如果一个查询没有得到正确的结果,那么就说这个查询是失败的。这虽然并不表明用户访问 DCs 数据没有成功,但它却反映了访问 DCs 数据的其他复杂机制。

DCsAM 提供了两种基于用户访问策略的机制:

第一,访问数据的可能性,这意味着用户具有从数据库中访问 DCs 数据的访问权,无论这个访问权是完全访问权,还是部分访问权(有一定的限制)或者最小的访问权(有很多限制)。只有当用户没有违反给定的访问权和政策时,该政策产生的结果才会是正确的结果集。

例如,正确的查询回答为一个查询 $\varphi Q(\mathbf{x}^n)$ 和一个 DCs 数据库 $\sum o$,该组正确答案 φQ_{ans} 是一组封闭的公式,使得对于每个 $\varphi \in \varphi Q_{ans}(\varphi Q(\mathbf{x}^n), \sum o) = \varphi$,满足 $\sum o| = \varphi, \varphi$ 是从查询回答语义 $\varphi Q(\mathbf{x}^n)$ 获得。

第二,访问 DCs 数据失败表明 DCs 用户要么未被授予从数据库中访问 DCs 数据的权限,要么违反了访问控制决策。

例如,对于 DCs 数据库 $\sum o$ 和用户的查询请求 $\varphi Q(\mathbf{x}^n)$、查询应答 $\varphi Q(\mathbf{x}^n)$,如果 $\varphi Q_{ans}(\varphi Q(\mathbf{x}^n), \sum o) = \varphi$,那么说明 $\varphi Q(\mathbf{x}^n)$ 没有从 $\sum o$ 获取到相应数据,这是用语义解析说明查询失败。

7.4　数字内容数据的查询

基于研究目的,我们检查了 DCs 域的查询实例。所有的实例都基于数字图像、数字视频和数字音频领域,所有的查询都采用表达 DCs 域的方法。它们是:

第一,DCs 对象特征(对象描述):将 DCs 域的每一个概念与该对象的外部特征,例如颜色、尺寸、格式等联系在一起。检索时,选择 DCs 概念描述和查询文本最匹配的对象概念。

第二,DCs 事件特征(动作描述):这种类型的查询建立在每个 DCs 域概念上的视觉模型。事件特征所持有的真实信息来自媒体对象,它包含所有有兴趣的媒体对象信息。例如,在一个特定视频帧中能看出来对象的数字视频中,媒体对象之间有什么 2D 和 3D 关系,这些媒体对象在相邻帧之间是怎么移动的。在本研究所提到的方法基础上,我们使用 MSegT 方法来表达对象事件。检索时,MSegT 方法可以在查询时根据每一个特定语义概念事件来获得 DCs 数据的事例,并选择有最近视觉和语义匹配的事件。

第三,DCs 语义信息:与媒体对象语义内容有关的信息,例如,与内容相关的信息。

第四,对决定 DCs 数据三重模式执行顺序的一个重要影响是三重模式的限制：一个更严格的三重模式通常比一个限制较少的三重模式检索更少数据。最简单的三重查询将有以下的 SPARQL 查询格式。

SELECT ＊ WHERE｛？Subject ＜Predicate＞ ？Object；｝

7.4.1 数字图像查询

从 DCs 域中查询数字图像有时候是困难的，而且是混乱的，因为数字图像域的分类还没有规范正确的方法来理解 DCs 域。我们的方法主要集中在用 MSegT 方法来抽象媒体对象的隐藏信息，但是查询数字图像时之所以有趣不仅是能获得媒体数据的某些对象，更在于应该考虑到数字图像数据的整体外观。因此，基于 DCs 表达的两个主要方法，DCs 域的事件和对象特征就是表示媒体数据的工程工具。对象特征是一种简单的表达方式，建立在对象特征上的数字图像域是一个简单的查询公式，而不是在以媒体对象的事件和语义为基础的事件特征，媒体对象的事件和语义主要集中在制定的媒体数据间发生了什么。

7.4.1.1 数字图像域的表达

在这一部分，我们将提供一些关于数字图像域表达的例子和一种能被用来从域中提取所要求信息的查询方法。图 7-4 里展示了在 DCs 类域的 SPARQL 查询例子，图 7-4 表示鸟的类，我们预测图像的另一面。每个图像可能有以下的 Dublin 核心元素，这些核心元素通常被用来构建一个 DCs 域对象的语义描述。在本例中使用的双核元素表示媒体数据的特征有创造者(作者)、日期、格式、标识、语言、类型、学科、来源、大小、颜色和图像展开图。

第二个选择是在基于从图像中所看的方式来查询图像，这种方法俗称视觉语义查询或基于事件的查询。当保存的图像上有一定的信息时，这些信息就必须被表达出来，要么周围的环境，当一些图像大多是拥有秘密或隐藏信息的静止图像时，事件动作一定要表达清楚。例如，图 7-4 中展示的是"知更鸟吃蚯蚓"，如果我们创建一个查询来获取所有的鸟吃蚯蚓的图，知更鸟的图或许就是其中的一张。

我们用 SPARQL 查询语言搜索或查询图像时，这些是非常重要的特征。

7.4.1.2 数字图像的查询实例

查询实例 7-1：找到鸟的图像

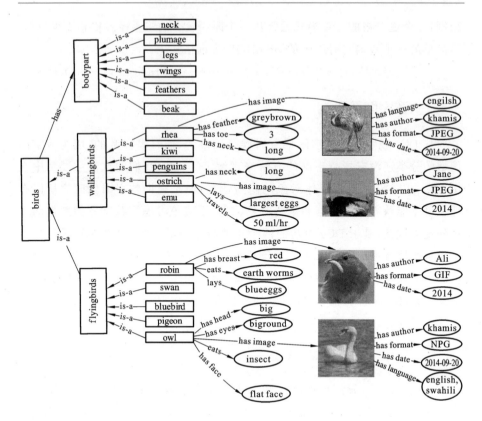

图 7-4　数字图像表达的本体模型

SPARQL FORM:

SELECT ? image ? format

WHERE { ? X rdf:type:birds }

　　　　? Y hasformat :format

结果：

所有鸟的图像

image		...	
format	NPG	JPEG	...	JPEG

查询实例7-2：找到所有飞鸟图像

```
SPARQL FORM:
SELECT *
WHERE { ?X rdf:type:birds.
       ?Y rdf:type:flyingbirds }
```

结果：

所有飞鸟的图像

 ...

查询实例7-3：找到圆脸的鸟

```
SPARQL FORM:
SELECT *
WHERE { ?X rdfs:subclassof:bird.
       ?Y:hasface "roundface" }
```

结果：

查询实例7-4：找到产蓝色鸟蛋的鸟

```
SPARQL FORM:
SELECT ?X,?Y
WHERE { ?X rdf:type :birds .
       ?X :lays :eggs.
       ?Y :color "blue"}
```

结果：

查询实例 7-5：找到 2013-02-01 拍的鸟照片和拍照者的名字

SPARQL FORM:

SELECT ?image ?name

WHERE { ?X :date ?date .

　　　　?Y :hascreator :name.

FILTER regex(str(?date),― 2013-02-01‖). }

结果：

image	name
	khamis

查询实例 7-6：找到所有飞鸟和步行鸟

SPARQL FORM:

SELECT *

WHERE { ?X rdf:type :birds; rdf:type :flyingbirds.

　　　UNION

　　　{ ?Y rdf:type :wirds; rdf:type :walkingbirds.} }

结果：

所有飞鸟和步行鸟

7.4.2　数字音频查询

　　数字音频技术，在使用数字形式的音频信号编码时可用来记录、存储、生成、操纵和声音再现。在 DCs 域家族中，数字音频是增长最快的本体模型。音乐本体为连接广泛的音乐相关信息提供一个词汇，例如音乐类型、专辑、大小、来源、发行日期、作曲人、歌手等。数字音频域为分解一个复杂的事件提供词汇，例如，表示在一场特殊的表演中发生了什么，一个特定作品的旋律线是什么。另一方面,数字音频域表达了音乐创造的工作流程,例如作曲、录音艺术家、专辑、曲目,还有表演和安排等。

7.4.2.1 数字音频域的表达

数字音频也使用相同的机制来表示数字音频域,例如数字视频和数字图像。因此,相比较数字图像和数字视频的查询来说,数字音频的查询更简单。因为,音频文件分解与其他 DCs 域很不一样,即便数字音频域也能使用对象描述或事件描述来进行查询。数字音频表达的本体模型如图 7-5 所示。

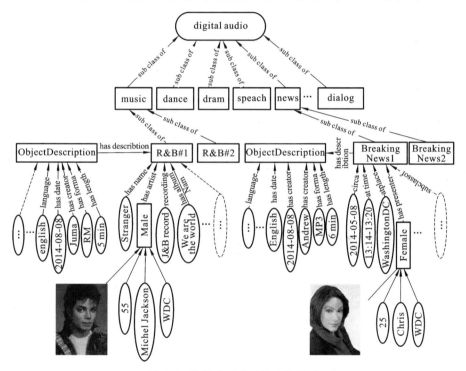

图 7-5　数字音频表达的本体模型

7.4.2.2 数字音频的查询实例

查询实例 7-7:找到 2014-05-08 发生的新闻和发言人的姓名和图像

```
PREFIX d-audio:<URL>
SELECT  ?X ?name ?image
WHERE { ?X rdf:type d-audio:news
      ?X  d-audio:date ?date
   ?Y d-audio:hasname ?name
```

```
?Y   d-audio:hasimage ?image
FILTER regex(str(?Date),―2014-0508‖).}
```
结果：

news	name	image
BreakingNews	Christina	

查询实例 7-8：找到艺术家的名字和他们的在音乐界的照片
```
PREFIX d-audio:<URL>
SELECT ?artistname ?image ?age
WHERE {   ?X rdf:type d-audio:music
          ?X d-audio: hasname ?name
          ?Y d-audio:hasimage ?image
          ?Y d-audio:hasage ?age
      FILTER ?age<60.
          }
```
结果：

artistname.	age	image
Michel Jackson	55	

7.4.3　数字视频查询

在本体技术概念中，从 DCs 域中查询数字视频被认为是一种新技术。虽然数字视频内容构成了本体 DCs 域的动态行为，但是根据相关规范和要求，域可以有两种表达方式：动态行为和静态行为。数字视频本体域描述了视频数据和图像数据之间的概念和关系，例如什么组成了视频或图像数据，获取条件（光照条件、颜色信息、结构、环境条件），以及空间关系和值域的范围和类型。

7.4.3.1　数字视频域的表达

本体域表示的都柏林核心元素被用来表示数字视频域,同时在特定视频内容对象描述的基础上简化了 DCs 数据的查询。都柏林核心元素描述和分析每一个 DCs 域可以代表的外在行为,例如创造者(作者)、日期、格式、标识、语言、类型、主题、来源、大小、颜色和视频标题等。

7.4.3.2　数字视频的查询实例

DCs 域一个最重要的功能是允许用户从给定的有详细内容说明的数据库中检索(或玩)视频。

图 7-6 是通过 SPARQL 查询语句获取的数字视频信息。SPARQL 虽然在处理数据时被看成是一个复杂的模型,但它也能运行复杂的查询。

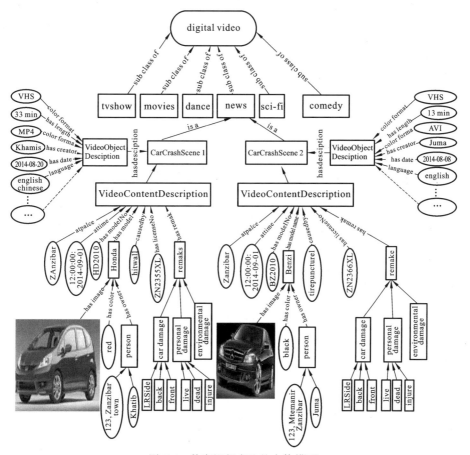

图 7-6　数字视频表达的本体模型

如下面的例子：

查询实例 7-9：找到所有失事车子的图片、日期和汽车模型

```
PREFIX d-video:<URL>
SELECT ?image ?model ?date
WHERE {  ?X rdf:type ?news
         ?X hasdate ?date
         ?Y hasmodel ?model
         ?model hasImage ?image
      }
```

结果：

image	model	date
	Honda	2014-08-20
	Benzi	2014-08-08

查询实例 7-10：找到视频

```
PREFIX d-video:<URL>
SELECT*
WHERE {?X rdf:type d-video:digitalvideo}
```

结果：展示所有的数字视频类型。

7.5　数字内容数据的语义分析

到目前为止，媒体对象的动态场景和静态场景语义分析对我们来说依然是一个巨大的挑战，特别是在媒体数据的可视化监控方面。语义分析最基本

的工作是对移动目标进行探测和跟踪,对其进行标记和分类,弄清和演示它们之间的空间关系或环境空间关系,并最终分析和表达该动态或静态场景里的行为或事件。

在一个特定动态场景里,所有的课件事物,例如不同的地区、移动或静止的物体,都可以被认为是有各自属性的实体。此外,这些实体和属性是与一组给定的概念相联系的。从这个角度来看,特殊动态场景的语义分析是基于这些概念和它们之间的各种关系。

这个概念的基本组成元素包括一个实体、一个术语(或一个词语)和属性。术语(或词语)表示的是这个概念的名字,实体表示的是这个概念指向的事物,所有的属性直接描述的是这个概念的意义。同时,这些属性可以测量不同概念的差异性或相似性。

7.5.1　静态事件

MSegT 提供不同的分割技术,这些分割技术是基于对象的物理条件。用媒体数据解释,静态事件大多数被认为是没有移动的物体。根据语义的前瞻性,静态事件在一个真实的生活中提供一个有力的没有数据真实场景的意义。基于以下条件可以捕获静态事件:

第一,基于区域分割(每个图像都有一个不同的分割区域);

第二,颜色分类(确定事件个数,分类个数和对象个数);

第三,形状识别;

第四,语义解释,例如对象 X 正在和对象 Z 玩。

图 7-7 展示了从给定的数字图像中识别媒体对象个体。基于 MSegT 条件,用区域分割方法将图像分割成三个对象,这三个对象表示为 DCs 对象 X,DCs 对象 Y 和 DCs 对象 Z。

图 7-7　对象事件识别

　　颜色分类描述符:这是一种识别媒体对象分割段数目的简单方法,是一种区分基于颜色的媒体对象不同模式的人工定义方式。颜色分类比区域分类包含的对象要多,因此一个单一的媒体对象能拥有很多的对象和空间数量关系。表 7-2 表示从图 7-7 中用颜色分类方法抽象出来的对象个数。

表 7-2　基于颜色的事件分类

Subject	Relation	object
DCs object X	is-a	perason
DCs object Y	is-a	lion
DCs object Z	is-a	perason
DCs object X	wears	redTshirt
DCs object Z	wears	blueTshirt
redTshirt	is-a	cloth
blueTshirt	is-a	cloth
redTshirt	hascolor	red
blueTshirt	hascolor	blue
DCs object X,Y and Z	sitson	grass
grass	hascolor	green

　　区域分类描述符(the region classification descriptor,RCD):RCD 在空间表示中代表了定量信息。基于可能的定量区域连接关系(quantitative region connection relations,QRCR)和定量区域陷阱关系(quantitative region trap relation,QRTR),RCA 抽象地描述了区域。QRCR 描述的是出现在媒体对象中的任意两者之间存在的基本关系。例如,检查两个区域之间是否断开,是否有外部连接,是否完全重叠或部分重叠。RCD 通常使用方向特性(在左边、在右边、在中间、在上面、在下面等)来表示定量关系。表 7-3 表示从图 7-7 中抽象出的 RCD。

表 7-3　基于区域的事件分类

Subject	Object	Relation
DCs object X	atleft	DCs object Y
DCs object Y	atleft	DCs object Z

续表

Subject	Object	Relation
DCs object Z	atright	DCs object Y
DCs object X, Y and Z	sitson	grassland
DCs object Y	atcenter	DCs object X and Z
grassland	is-a	land

QRTR 提供一些有用的定量关系,这些定量关系描述了每个分割区域与其相邻分割区域的关系(两个区域之间的远近关系),或描述正交方向的地理位置,以及一个对象到另一个对象的位置。表 7-4 表示颜色分类与区域分类的对比。

表 7-4 颜色分类与区域分类的对比

	Color classification annotation	Regional classification annotation
Subject	6	4
Object	9	5
Relation	4	5

语义解释:基于 MSegT 条件,媒体数据的语义解释使用定量信息来表示每一个从拥有原子声明的媒体对象中定义的模式。每一个声明提供分析数据对象的重要信息,这些数据对象是基于给定空间关系的物理外观。

例如,假设我们有如下信息,图 7-7 是给定的数字图像,这些数字图像代表着作为媒体分割一部分的一个确定事件特征:

① DCs 对象 X 在 DCs 对象 Y 的左边

② DCs 对象 Y 在 DCs 对象 Z 的左边

从中提取的信息,我们可以得到以下信息:

① DCs 对象 X 在 DCs 对象 Z 的左边

② DCs 对象 Y 在 DCs 对象 X 和对象 Z 之间

③ DCs 对象 B 在 DCs 对象 X 的右边

④ DCs 对象 Z 在 DCs 对象 X 的右边

⑤ DCs 对象 Z 在 DCs 对象 Y 的右边

这个例子表明,通过定义必要的推理准则,可以认为我们拥有的时间或空间关系比实际要多。因此基于语义解释中指定条件个数来查询一个特定的DCs 被认为是一项简单的工作。

7.5.2　动态事件

作为一个事件条件,用户可以给出位置、事件,在整个事件中有用户的角色或没有用户角色的有趣对象和该事件中发生的子事件。事件条件可以通过逻辑运算符或时态运算符创造更多的复杂条件。事件条件的输出类型是一个特定事件条件所拥有的序列表。动态事件通常用基于内容分析的测量方式,这种测量方式可以决定一个事件的运动和周围环境。MSeqT 可以捕获到真实场景、事件间隔,然后确定可能事件的数目(类、述语、对象)。动态事件利用时间事件关系和双向关系来表示真实场景的捕获。此外,颜色和声音的分类也用来识别在捕获的事件中可能出现的不同模式。所以,把更多的注意力放在事件捕获的估计上会更明智一些。例如,如果两个不同事件分割产生不同的场景知觉组织,这就表明了分割不一致。然而,如果分割只是一个简单的其他事件的细化,那么误差就要小一些,甚至为 0。

7.5.3　事件查询

媒体对象的事件数据查询,特别是数字视频数据,通常基于事件查询条件,这些条件在 DCs 本体模型发展过程中的媒体数据中是特定的。数字视频内容查询是根据发生在视频里的活动而提取的信息来进行的。这种条件类型可以用事件属性特征,例如时间和地点属性,来进行具体化。

DCs 查询执行能力是一个系统的 DCs 本体数据管理提高查询能力的重要特征。OntoBDCs 支持存储在数据库中的 DCs 数据的图像查询,它支持的图像查询取决于在确定信息中推导出的 DCs 信息提取过程中的查询条件。

在基于事件查询标准的对象分类中找到正确信息的查询抽象过程需要具备什么条件? 图 7-8 分析的是查询操作中基于事件实体的条件。

事件条件也许来自媒体对象的记录,或者被转化成一个包含代表事件名字和 WHERE 句子中特定条件节点的子事件列表。这是因为不同的事件条件分割需要一个统一的数据库查询格式不同的表。关键在于一旦从媒体对象

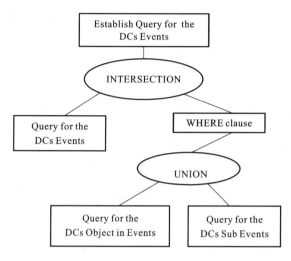

图 7-8 事件查询条件

中抽象事件和子事件,每一个个体事件就被转化成了类对象的实例,并根据该
事件所拥有的在创建一个单一 RDF 声明时的内部属性来进行分类。

DCs 数据事件查询的主要优势在于使每一个 DCs 对象与人类上下文相
对应。事件的检索效果可以用经典信息检索方式准确率和召回率来进行估
计。召回率是检索的相关记录数与总的数据库相关记录数之比,准确率是检
索的相关记录数与所有的相关和不相关的检索记录数之比。表 7-5 给出了空
间查询的准确率和召回率值,图 7-9 是基于事件的查询检索准确率和召回率
直方图。该事件查询比基于文本的方式有较高的准确率和召回率。

表 7-5 基于事件的查询检索准确率和召回率值

序号	查询输入	准确率	召回率	Remarks
1	The birds eats plants	0.58	0.62	text
2	The swan swimming in the river	0.72	0.7	event
3	The swan in lake	1.02	0.65	event
4	The birds lays blue eggs	0.55	0.66	text
5	The birds eats plants and insects	0.15	0.27	text
6	Birds living in water and land	0.35	0.22	text
7	The ostrich walking in a grass	0.88	0.43	event
8	The swan is flying over the river	0.78	0.85	event

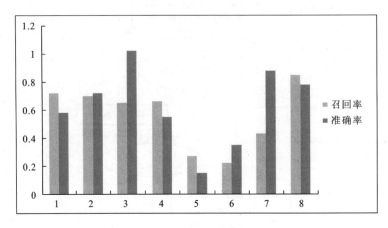

图 7-9　基于事件的查询检索准确率和召回率直方图

　　观察得基于本体的事件检索比基于事件查询技术更好,基于事件的查询技术比基于文本的查询更好。

　　可惜的是,想在避免"垃圾"的同时得到"一切"是非常困难的。但可以测量有两个参数的搜索好坏。例如,当前的语义搜索引擎把基于事件查询认为是一个独立的原子单元,但是语义概念在任何被创造的媒体对象事件之间建立关系。因此,与传统的搜索方式相比能得到更多的关联性。

7.5.4　性能比较

　　Oracle NoSQL 数据库作为一个优秀的持久性数据库,可以很好地存储本体数据。总体 Oracle NoSQL 数据库在物理结构和存储模式(数据模型)上,与传统的 RDBMS(例如 SQL 和 MySQL)语言不同(见表 7-6)。

表 7-6　数据库对比表

Database Criteria	Oracle NoSQL	MySQL	Postgres SQL
Database model	Key-value	Relational	Object-relational
Conditional entry updates	×	√	√
Map and reduce	√	×	×
Unicode	√	√	√
Compression	×	√	√
Atomicity	√	√	√

Database Criteria	Oracle NoSQL	MySQL	Postgres SQL
Consistency	√	√	√
Durability (data storage)	√	√	√
Transactions	√	√	√
Referential integrity	×	√	√
Secondary Indexes	√	√	√
Composite keys	√	√	√
Full text search	×	√	√
Graph support	√	×	√
Horizontal scalable	√	√	√
Sharding	√	√	√
Multi-usersystem	√	√	√
Standard compliance	×	√	√
Object-Relational Mapping	×	√	?
Distributed Counter	×	?	√
Database Connection Pooling	√	√	?
Online backup	√	√	√
Partial Index	×	×	√
Function Based Index	×	×	√
Query Cache	×	√	√
In-Place Update	×	√	√
Read preferences	√	?	?
JSON	√	×	√
Fully Distributed	√	×	×

注:√——是,×——不是,?——不知道

　　众所周知,RDBMS 在处理兆或千兆的大型数据时很困难,但可以通过分配来解决这个问题。Oracle NoSQL 数据库、SQL 和 MySQL 有很多的共同点,如表 7-6。唯一的最大不同点是 Oracle NoSQL 数据库使用关键字存储模式,这与地图和字典很相似——数据是由独一无二的关键值来进行编码,同时,Oracle NoSQL 也支持 Mapreduce 和 Hadoop 技术。

7.5.5　系统总体性能

　　Oracle NoSQL 是一个分布式数据库,拥有一组可配置的系统,这些系统的作用是作为存储节点。数据以键值对进行存储,并以基于关键值哈希表的方式被写入到存储节点上。然后,存储节点被复制到设备上,从而帮助优化查询负载。Oracle 在分布式关键值数据存储中是快速的、灵活的、企业级严肃。从表 7-7 和表 7-8,我们可以承认用雅虎云系统标准(Yahoo! cloud system benchmark,YSCB)作为测试客户端的实验结果。该测试在 KV 存储模式数中有 50/50 读取、更新、插入和加载性能。

表 7-7　平均读取、更新和加载性能

Total Throughput ops/sec	Average Read Latency mili-sec	Average Update Latency (Mil-sec)	Bulkload Avg Latency (ms)
5 595	4.8	5.6	4.5
17 097	4.0	5.7	4.61
24 893	4.0	5.3	4.35

表 7-8　插入

Throughput (inserts/sec)	Insert Avg Latency (ms)
26 498	3.3
71 684	3.6
94 441	3.7

　　该结果表明了 Oracle NoSQL 数据库良好的可扩展性、吞吐量和延迟性。从 YSCB 获得的良好性能是 Oracle NoSQL 的关键模型特征结果,这些性能包括如下几点:

　　第一,使用主要的或子密钥的键值对的简单数据模型;

　　第二,拥有 ACID 处理和 JSON 支持的简单编程模型;

　　第三,与 Oracle 数据库和 Hadoop 的集成;

　　第四,支持多数据中心的地理分布数据;

　　第五,本地和远程故障切换和同步的高可用性;

第六,可扩展的吞吐量和有限的延迟性;

第七,动态添加能力。

7.6　可视化股票信息系统本体

可视化股票信息系统(visual stock information system,VSIS)是为投资、理财的用户提供的一个可视化的股票信息平台,为用户提供股票信息的查询、行情查询等功能。

7.6.1　VSIS 分类设计

分类是在共同本体特征的基础上对 VSIS 域中的实体分类进行的分层树结构。它对 VSIS 域中各个条件之间的层次关系进行建模,其顶部为概括性的,底部为具体化的。VSIS 域层次顶部的类代表常见的系统功能,越往下的层次代表 VSIS 中越具体的系统功能。层次图中的语义类结构提供了股票信息系统详细的组织。该系统由一组类、关系、属性和类的实例组成。图 7-10展示了股票信息系统和其关系的层次分类。

VSIS 域由六个主要类构成:可视化功能、查询功能、数据库操作、错误处理、用户界面和股票域。每个类都有与其拥有相应关系的子类。VSIS 依靠的是子类的数量、属性和类的实例。用方形表示类的实体,椭圆形表示类的属性,用三种关系线来描述和分类这些类的属性和实体,第一种代表实体与多属性连接关系,第二种是直线,该直线表示股票域中的二元关系,最后一种是一条黑箭头线,代表拥有股票信息系统属性的类。

股票类有六个子类:Stock_TransactionData,Stock_CompanyProfile,Stock_KeyStatistics,Stock_Competitors,Stock_Major_Holder 和 Stock_Industries。这些子类与股票类有关,部分关系被用来将这些子类和它们的域类联系起来。

图 7-10 是对 VSIS 分类中每个必须类的简单描述。

Stock_TransactionData 是股票域的一个子类,由一组属性组成,也是我们要分析的在股票市场中股票的日常交易。它同时提供有关证券的历史数据,该历史数据可能是近一个月的、近一周的或近一年的。

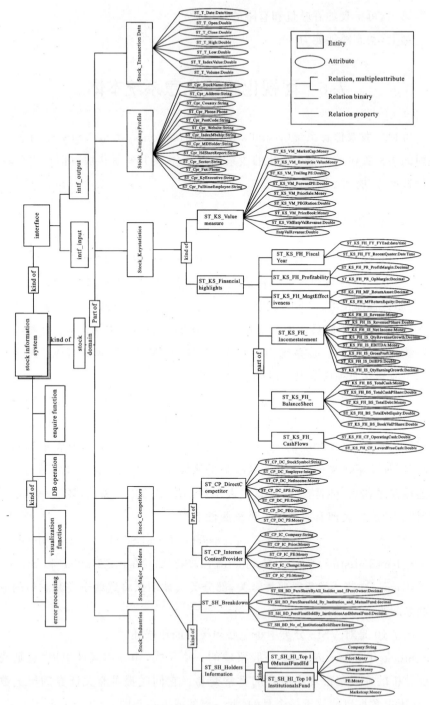

图 7-10　VSIS 类分层设计

```
Class:Stock
    Subclass Stock_TransactionData    Relation Part_of
                                      Attributes (Date, StockQuotes,
                                      Time, Open, Close, Low, high,
                                      indexValue,Volume,)
```

Stock_CompanyProfile 是股票类的一个子类,它提供了有关股票公司的核心总结,VSIS 用户可以通过从他们的业务细节差别来识别股票市场的每个公司。

```
Class:Stock
    Subclass Stock_CompanyProfile: Relation   Part_of
                                      Attributes (StockName,
                                      Address,    PostCode,
                                      Phone,Fax,   Website,
                                      MDholder,    Country,
                                      Sector, IndexMbship,
                                      KeyExecutive,
                                      FulltimeEmployee)
```

Stock_KeyStatistics 是股票的一个子类,也是股票领域的一部分。Stock_KeyStatistics 可以被划分为更多的子类,从类到类的属性形成一个稳定的根基。从股票域到子类的根要比其他域中的类属性更深一些。由于拥有对股份公司财务分析来说非常有效的数据,Stock_KeyStatistics 在 VSIS 类域中扮演着一个虚拟的角色。

```
Class:Stock
Subclass:keyStatistics: Relation   Part_of
SubSubClass:   ValueMeasure: Relation   Kind_of
                                 Attributes (MarketCap, EnterpriseValue,
                                 TrillingPE, ForwardPE, PriceSale,
                                 PEGRatio, PriceSale, PriceBook,
                                 EntpValRevanue,EntpValRevanue)
SubSubClass:Fincial_Highlight: Relation   Kind_of
        SubSubSubClass: Financial_Year
                                 Attributes (FYEnd,RecentQuater)
        SubSubSubClass: Profitability
                                 Attributes (ProfitMargin,OpMargin)
SubSubSubClass:MngtEffectivenes
                                 Attributes (ReturnAsset,MFReturnEquity)
```

```
                    SubSubSubClass:IncomeStatement
                            Attributes (Revenue,RevenuePShare,
                            QtyRevenueGrowth,GrossProft,EBITDA,
                            NetIncome,DilEPS,QtyEarningGrowth)
            SubSubSubClass:Balace Sheet
                            Attributes (TotalCash,TotalCashPShare,
                            TotalDebt,TotalDebtEquity,BookValPShare)
                            SubSubSubClass:CashFlow
                            Attributes (OperatingCash,LeverdFreeCash)
```

　　Stock_Competors 是股票域的一个子类,它的作用是为选中的公司提供有关股票竞争对手的信息,同时也为该公司在与其他证券公司竞争时提供一些财务标准函数和统计。

```
            Class:Stock
                    Subclass StockCompetitors: Relation   Part_of
                                        SubSubclass:DirectCompetitors
                                            Attributes:(StockSymbol,
                                            Employee, NetIncome,
                                            EPS,PE,PEG,PS)
                                        SubSubclass:IntenetCompetitos
                                            Attributes (Company,
                                            Price,Change,PE,PS)
```

　　Stock_MajorHolder 为每个参与到股票市场中的公司提供所有有关股票持有者的必要信息。它同时也描述了一些具体的统计信息,例如一个特定的股票持有者在一个公司中持有多少股份。

```
            Class:Stock
            Subclass Major_Holder: Relation   Part_of
                    SubSubClass:   ShareHolderBreakDown
                            Attributes (PercShareByAll_Insider_and_
                            5PercOwner, PercSharesHeld_By_Institution_and_
                            MutualFund,PercFloatHeldBy_InstitutionsAnd
                            MutualFund,No_of_InstitutionsHoldShare)
                    Subsubclass:ShareHolder_Information
                            Attributes (Company,Price,PE,MarketCap)
```

　　可视化类给 VSIS 域提供一个临界值。在股票数据可视化的语义模型中,这个临界值被用在 VSIS 体系结构中。在运行过程中,它给 VSIS 域提供视觉功能。在可视化中,用户可以理解和分析股票信息。

查询功能是 VSIS 域的一个重要组成部分。因为具备检索股票信息可视化的能力和目标,VSIS 用户可以在股票域中通过查询功能来搜索逻辑信息。

查询功能和可视化功能是两个重要的类,它们提供充足的、大量的语义模型,两者共同实现 VSIS 体系结构目标。

错误处理:当尝试让更多的用户在 VSIS 体系结构中时,错误处理功能要确保运行期间 VSIS 实现的正确性。错误处理是 VSIS 体系结构中一个重要角色,它在股票交易中协调和执行订单,也方便了 VSIS 调试时的错误处理。在查询功能、可视化功能和数据库查询中,错误处理均可能存在操作。

用户界面是 VSIS 本体域的一个重要类。它在 VSIS 域中的首要功能是给用户提供一个简单的方式来进行交互,这种交互发生在股票信息的 VSIS 输入/输出或者可视化中。在 VSIS 域中,用户界面拥有两个主要子类:信息输入和信息输出。正如我们前面所解释的,输入类在系统中被用来输入信息,这样就能查询与股票信息相关的特定信息。输出信息是 VSIS 域的一个不可或缺的工具:一个用户可以通过视觉模式来输出信息,视觉信息可以展示在一个图形模式中,在该图形模式中,用户可以通过读取和分析该图形来理解和检验股票信息。

7.6.2 VSIS 本体建立准则

为了给管理来自不同源的解释数据提供一个统一的框架,可以用方法和准则来解决在本体设计术语和概念不兼容的问题。因此,我们确定建立 VSIS 本体的准则,即 VSIS 本体的分类设计有以下四项准则:

第一,域建立分析;

第二,本体词汇定义;

第三,本体结构构建;

第四,属性和本体关系的构建。

第一步是考虑 VSIS 域建立的域和概念,这也是组织发展 VSIS 步骤的地方。根据知识库的需求,域概念必须明确、可理解,这将有助于分析域及其关系之间的概念集。

其次,为用于概念域建模的词汇提供词汇定义。词汇定义了用于评估的概念和关系,展示了一个关注领域,一个定义良好的词汇或许在问题出现时有助于分类数据集成。

第三,构建域本体结构,并将其设定到本体语言中,例如 protégé。本体结构是一个重要方面,它包括每个概念及其相关实例值的域定义和属性。

最后,利用本体语言建立相关属性,该本体语言能组织概念域及其相关的属性。

因此,我们能有效地表示 VSIS 中的本体,减少本体术语和观念的混淆。

7.6.3　VSIS 本体学习

根据所提供的信息处理而提出的不同假设,本体学习可以通过不同任务来解决:本体概念学习,已知概念间的本体关系学习,概念和关系同时学习,现存本体/结构获取,动态数据流处理,相同数据不同概念的本体同步构建。

VSIS 本体学习有助于本体工程师的本体构建。本体学习提供支持一个精细结构,当本体融合时,在域特定本体不产生瞬时冲突的情况下,该结构支持与 RDF 相一致的 VSIS 本体语义模型。VSIS 也被作为本体域和知识域中一套本体的 Protégé 开源软件所支持,在该软件中一切都受本体过程所驱动。

VSIS 本体学习周期依靠本体结构和三个主要过程:信息源、学习过程和验证过程,如图 7-11 所示。

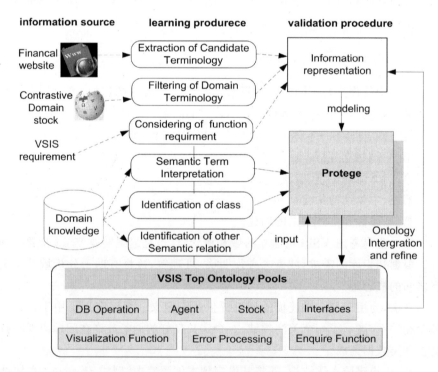

图 7-11　VSIS 模型的本体学习周期

信息源提供来自相关网站的有用信息,这些信息被我们用来建立 VSIS 本体。由于从金融网站上收集或提取数据、学习过程可以是任何提供在线金融股票服务的网站,我们提取数据和构建域。过滤过程发生在信息处理过程,从网站中提取的数据在语义解释和表达上必须要与本体规则相一致。接下来是定义用于构建 VSIS 本体的类、属性和关系,该定义在输入到 protégé 之前需要满足 VSIS 需求。使用 OWL 语言,我们可以在类和类的属性之间构建 VSIS 功能关系。同时,语义关系识别、类及其属性识别和域知识语义解释,必须要被运行并输入到 protégé 内。

7.6.4　VSIS 本体定义

VSIS 包含一组域、域之间的关系、属性及归属于各属性的关系。

VSIS O=(C,R,A,I),其中 C 是一组有限的 VSIS 概念集;R 是一组域和功能概念之间的关系集;A 是公理,I 是个体概念实例。

VSIS 设计的域概念涉及股票、可视化功能、查询功能、数据库操作、代理、错误处理和接口。与此同时,域之间的关系指 part_of,kind_of,function_of,function_to,instance_of,perceive,has subclass and has individual。VSIS 域是由一组类和子类所表示,而属性和关系是由它们的属性所表示。

在 VSIS 层次,我们用 RDF/OWL 方法来建立股票信息系统,具体表现如下:

① C-C 表示建模域的实例,例如可视化查询功能,错误处理,接口,代理和数据库操作,这些均是域实例;

② C1 ≡ C2 是等价类,表示两个类 C1 和 C2 有相同的属性和关系。在 VSIS 本体里,可视化功能和查询功能是等价类,因为被查询的正是要被用户看到的,因此我们可以说,查询功能 ≡ 可视化功能;

③ C1⊂C2 是子类,表示 C1 是 C2 的子类;

④ P=表示用于概念属性和概念之间关系的属性;

⑤ P1=P−表示功能的逆反属性;

⑥ Domain (P) 属性域,表示属性所在的类;

⑦ 范围指定属性值所属的类,VSIS 中的查询、可视化、数据库操作和接口类,都应该是指定属性值所属类的范围。

图 7-12 显示了可视化信息系统类之间的关系,这些关系是根据用在 Protégé 的不同颜色的弧来分类的。

表 7-9 表示一些用于 VSIS 域本体与它们的域和范围发展所需考虑到的属性,表中对构建类和类属性的属性、功能和域进行了总结。

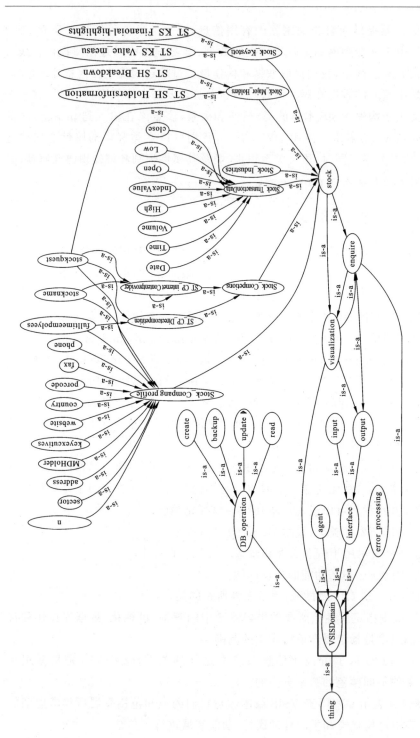

图 7-12　VSIS中类属性表示

表 7-9　VSIS 本体属性总结

Properties	SubFunction	SuperProperties	Domain	Range
part_of	kind_of		VSISdomain	DB_operation, interface, visualization, enquire and error_processing
kind_Of		part_of	stock	stock_major_holder, stock_transction, stock_companyprofile, stock_competitors, stock_industries and stock_keystatistics
function_of	function_to		DB_operation	create, update, backup and read
function_to		function_of	stock	create, update, backup, insert, delete and read
instance_of				
perceive			agent	visualization, enquire, DB_operation, interface
process_to			error_processing	DB_operation, visualization and enquire
has_class			Represent the subclass of class in the Entire Domain	
has_individual				

7.6.5　VSIS 本体设计结构

　　VSIS 由 7 种本体构成,根据它们的功能和用途进行分类。这些分类为:数据库操作本体、可视化本体、查询本体、错误处理本体、接口本体、代理本体和股票本体。数据库操作本体描述的是股票数据和用户管理政策中数据库系统角色。数据库操作功能包括删除、创建、插入、更新、选择和备份操作。可视化本体描述在 VSIS 中能被用户看见的信息,这些信息是基于股票数据的,例如交易数据、公司盈利、股票竞争对手、工业、股票持有者信息和股票公司财务统计等其他的股票信息。同时,对于查询本体,同可视化本体所拥有的一样,用户可以查询与股票数据有关的功能。另一种本体是接口本体,该本体帮助用户通过 VSIS 轻便浏览,它是用户输入和输出股票信息的一种工具。此外,用户可以在用户接口查询和看到股票信息。图 7-13 和图 7-14 展示的是用 OWL 语言表达的 VSIS 本体。

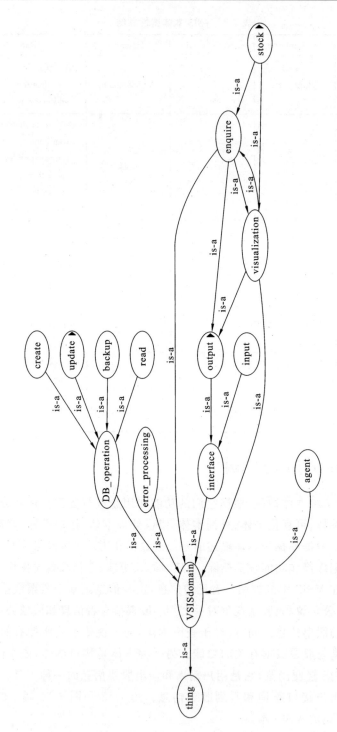

图 7-13　低层次股票信息系统本体

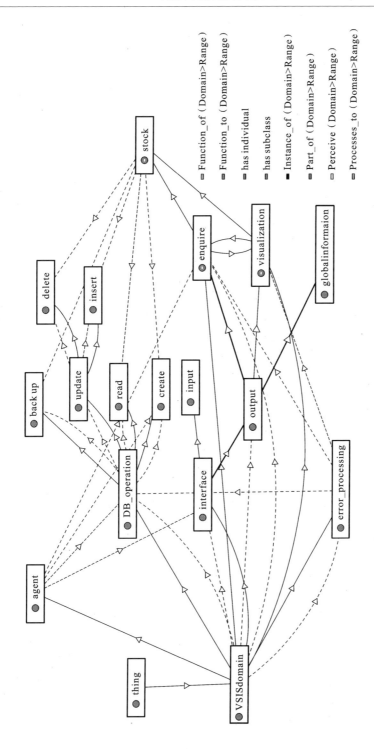

图 7-14 Protégé中的VSIS本体

图 7-14 展示的是 VSIS 低层次本体模型,可视化本体和查询本体被分类成等价类,它们拥有共同的特征,这表明我们可以通过用户接口在 VSIS 域内查询,看到,并输出股票信息。

在图 7-15 所描述的 VSIS 域中的本体,说明了描述 VSIS 域中错误处理过程,这些错误处理过程可能发生在数据库操作、股票数据可视化或者用户查询股票信息时。VSIS 代理本体被用来调用其他功能函数,从而处理用户的需求,这些功能函数包括用户接口本体、数据库操作本体、可视化本体和查询本体。股票本体提供 VSIS 其他功能本体的所有数据,这些数据包括公司盈利本体、关键统计数据本体、竞争对手本体、主要股票持有者本体、产业本体和交易数据本体。所有的这些子类均能代表每个股票的不同信息。

本章对所研究的内容用 DCs 实例进行了阐述,同时给出了 VSIS 本体域的构建,以便更好地操作可视化的股票本体。

参 考 文 献

［1］ Types of digital，content，sharers. http://www. educatorstechnology. com/2013/12/6-types-of-digital-content-sharers. html［EB/OL］.［2014-03-20］.

［2］ Photos make up 93 of the most engaging posts on facebook. http://www. socialbakers. com/blog/1749-photos-make-up-93-of-the-most-engaging-posts-on-facebook［EB/OL］.［2014-03-20］.

［3］ STAN H. How many photos are uploaded to the internet every minute? http://www. popphoto. com/news/2013/05/how-many-photos-are-uploaded-to-internet-every-minute［EB/OL］.［2014-01-02］.

［4］ Flikr http://en. wikipedia. org/wiki/Flickr［EB/OL］.［2014-02-09］.

［5］ Instagram stats instagra 33m tips. http://blog. bufferapp. com/instagram-stats-instagram-tips［EB/OL］.［2014-02-09］.

［6］ Youtube statistics . https://www. youtube. com/yt/press/en-GB/statistics. html［EB/OL］.［2014-01-20］.

［7］ Youtube what happens when tv goes online . http://demassed. blogspot. com/2013/04/youtube-what-happens-when-tv-goes-online. html［EB/OL］.［2014-02-13］.

［8］ China leading online video platforms. http://www. statista. com/statistics/276038/china-leading-online-video-platforms［EB/OL］.［2014-02-12］.

［9］ 刘禄,袁曦临,刘利. 互联网思维下的在线课堂设计要素分析[J]. 图书情报工作,2015,10：55-58.

［10］ 唐魁玉,王德新. 微信作为一种生活方式:兼论微生活的理念及其媒介社会导向[J]. 哈尔滨工业大学学报(社会科学版),2016 (5)：46-51.

［11］ RICHARD F. Digital marketing trends for 2018：Micro-scale & Richer content. https://www. digitaldoughnut. com/articles/2017/november/digital-marketing-trends-for-2018［EB/OL］,［2017-11-29］.

［12］ CHANG W H, LIU C Y. Internet applications and services for rendering digital content：U. S. Patent 8,705,097［P］. 2014-4-22.

［13］ Ontology-based data integration. http://en. wikipedia. org/wiki/Ontology-based_data_integratio［EB/OL］.［2013-09-10］.

[14] DUARTE D,et al. Integrating ontologies in database scheme:ontology-based views conceptual modeling[C]. Sixth international conference on signal-image technology and internet-based systems,2010,269-276.

[15] AMROUCH,et al. Survey on the literature of ontology mapping, alignment and merging [C]. International conference on information technology and e-Services,2012,1-5.

[16] MARTIN H,et al. Ontology management: semantic web,semantic web services and business applications[M]. USA:springer science business media,LLC,2008.

[17] SONG H Z,et al. Ontology design in visual stock information system [J]. Advanced research on automation, communication, architectonics and materials, trans tech publications, Switzerland. 2011, 225-226, 771-775.

[18] Ontology (information science). http://en. wikipedia. org/wiki/Ontology_ (information_science)[EB/OL]. [2013-04-16].

[19] Web ontology language (OWL). http://www. w3. org/TR/owl-features/ [EB/OL]. [2013-07-10].

[20] 张志刚. 领域本体构建方法的研究与应用[D]. 大连：大连海事大学出版社,2008.

[21] GUARINO N. Ontological principles for designing upper level lexical resources [C]. First international conference on language resources and evaluation granada,Spain,1998.

[22] THOMAS R. Gruber. Appeared in knowledge acquisition, ontological principles for designing upper level lexical resources a translation approach to portable ontology specifications[J]. 1993,5(2):199-220.

[23] LI Y Y. A developer's guide to the semantic web[M]. Germany:Springer-Verlag Berlin Heidelberg,2011.

[24] LI Y Y. Introduction to the semantic web and semantic web services[M]. USA:Taylor & Francis Group,LLC,2008.

[25] NACER H, AISSANI D. Semantic web services: standards, applications, challenges and solutions[J]. Journal of network and computer applications, 2014,44: 134-151.

[26] SONG H Z,et al. Ontology design in visual stock information system

[C]. International conference on automation, communication, architectonics and materials, ACAM, EI compendex, 2011, 225-226, 771-775.

[27] DEAN A, JAMES H. Semantic web for the working ontologist modeling in RDF, RDFS and OWL, Edition: 2nd [M]. USA: Morgan kaufmann publishers. Inc. San Francisco, CA, 2008.

[28] HÉDER M. Semantic web for the working ontologist, second dition: effective modeling in RDFS and OWL by Allemang D and hendler J, Morgan K, 384 pp. , [J]. The Knowledge Engineering Review, 2014, 29 (3): 404-405.

[29] SONG H Z, et al. Visual design and implementation of the stock information system [C]. 2nd. International conference on sensors, measurement and intelligent materials, ICSMIM, EI Compendex. 2013, 475-476, 771-77.

[30] ZHANG S M, GUO J Y. An approach of domain ontology construction based on resource model and jena [C]. Third International Symposium on, 2010.

[31] YANG Y H, et al. Study on food safety ontology reasoning application based onJena [C]. International conference on communication technology and application IET (ICCTA) 2011, 727-731.

[32] YAGUINUMA C A, et al. A fuzzy ontology-based semantic data integration system [C]. IEEE International conference on information reuse and integration (IRI): 2010, 207-212.

[33] SALL O, et al. A formal model of data integration approach based on semantic dataweb [C]. 7th International conference on networked computing and advanced information management (NCM): 2011 96-100.

[34] IAN H, ULRIKE S. Description logics as ontology languages for the semantic web. Mechanizing mathematical reasoning lecture notes in computer science, 2005, 2605: 228-248

[35] LANGE C. Ontologies and languages for representing mathematical knowledge on the semantic web [J]. Semantic web, 2013, 4 (2): 119-158.

[36] WANG W P, CHEN Y Q. Research on the relationship between knowledge grey generation and innovation performance in knowledge-based enterprises, IEEE, 2010.

[37] SONG H Z, et al. Representation of ontology based model within the visual stock information system[C]. 2nd. International conference on sensors, measurement and intelligent materials, ICSMIM, EI compendex, 475-476, 767-770.

[38] BAIMIN B S, et al. Knowledge process reengineering and implementation of enterprise knowledge management [C]. In international conference on information management, innovation management and industrial engineering, 2010, 23-26.

[39] ASUNCIÓN G P, et al. Ontological engineering with examples from the areas of knowledge management, e-commerce and the semantic web [M]. UK: Springer-Verlag London Limited, 2004.

[40] JAIN V, SINGH M. Ontology development and query retrievalusing protutf-8 [J]. International journal of intelligent systems and applications, 2013, 5(9): 67.

[41] CHU Y P, YU S P. Ontology—a strong tool for knowledge expression [C]. International conference on communication systems and network technologies IEEE. 2013.

[42] LIU, et al. Towards efficient SPARQL query processing on RDF data [J]. Tsinghua science and technology journal, 2010, 15(6): 613-622.

[43] MA J H, ZHANG Q. A rule-based ontology reasoning for scientific effects retrieval[C]. IEEE International conference on management of innovation and technology (ICMIT), 2012: 232-237.

[44] SVATOPLUK S, PAVEL S. Towards adaptive and semantic database model for RDF data stores [C]. 6th International conference on complex, intelligent and software intensive systems, 2012.

[45] KASHLEV A, CHEBOTKO A. SPARQL-to-SQL query translation: bottom-up or top-down? [C]. IEEE International conference on services computing (SCC), 2011, 757-758.

[46] BUTT A S, et al. Comparative evaluation of native RDF stores[C]. 6th International conference on emerging technologies (ICET), 2010,

321-326.

[47] KIVIKANGAS P, ISHIZUKA M. Improving semantic queries by utilizing UNL ontology and a graph database [C]. IEEE Sixth international conference on semantic computing (ICSC),2012:83-86.

[48] CALVANESE D, et al. Web-based graphical querying of databases through an ontology[C]. The WONDER System. In: SAC'IO. Sierre, Switzerland,2010.

[49] ALAMRI A. The relational database layout to store ontology knowledge base[C]. International conference on information retrieval & knowledge management (CAMP),2012: 74-81.

[50] HUA Z, BAN J M. Ontology-based integration and interoperation of XML data[C]. Sixth international conference on semantics knowledge and grid (SKG),2010,422-423.

[51] LI Y H, et al. A study on XML and ontology-based web data integration[C]. IEEE 10th International conference on computer and information technology (CIT),2010,2914-2919.

[52] MATTHIAS S, ROBERT F. RDF/OWL knowledge base for query answering and decision support in clinical pharmacogenetics,2013.

[53] RAFAEL S, et al. OWL reasoner evaluation (ORE)[R]. Workshop results,2013.

[54] ARMAS R A, et al. MORe: a Modular OWL reasoner for ontology classification [R]. In: OWL reasoning evalua-tion workshop (ORE),2013.

[55] KIM J Y, et al. Query performance evaluation of OWL storage model [C]. IEEE international conferences on internet of things, and cyber, physical and social computing,2011.

[56] RAFAł T, ROBERT T. Evaluation of beef production and consumption ontology and presentation of its actual and potential applications[C]. Proceedings of the federated conference in computer science and information systems,2013,275-278.

[57] HORRIDGE M, BECHHOFER S. The OWL API: A Java API for OWL ontologies[J]. Semantic web journal,2011,2(1): 11-21.

[58] Ontology: Its role in modern philosophy. http://www. ontology. co/

[EB/OL].[2013-12-07].

[59] Formal ontology. http://en. wikipedia. org/wiki/Formal_ontology[EB/OL]. [2013-08-20].

[60] NINO C. Formal ontology and conceptual realism[M]. Netherlands: Springer,Dordrecht,2007.

[61] POLI,ROBERTO,PETER M S. Formal ontology[M]. Springer Science & Business Media,2013.

[62] WILSON W,LIU W,MOHAMMED B. Ontology learning from text: A look back and into the future[C]. ACM computing surveys,2012,44 (4): 20.

[63] SON J,KIM J D. Performance evaluation of storage-independent model for SPARQL-to-SQL translation algorithms[C]. 4th IFIP international conference on new technologies,mobility and security (NTMS),2011, 1-4.

[64] Media annotations working group video, audio, images. http://www. w3. org/2008/WebVideo/Annotations/[EB/OL]. [2014-02-20].

[65] LEE W S,WERNER B. Ontology for media resources 1. 0. http://dev. w3. org/2008/video/mediaann/mediaont-1. 0/mediaont-1. 0. html[EB/OL]. [2013-07-12].

[66] WANG X,WANG S Y. Storing and indexing RDF data in a column-oriented DBMS [C]. 2nd. International workshop on database technology and applications (DBTA),2010.

[67] SAATHOFF C,SCHERP A. Unlocking the semantics of multimedia presentations in the web with the multimedia metadata ontology[C]. In proceedings of the 19th international conference on world wide web (WWW'10). ACM,New York,2010,831-840.

[68] ZHONG X. On semantic analysis and search method in video image [M]. China:Science Press,2017.

[69] NIKOLOPOULOS S,PARADOPOULOS G,Kompatsiaris. Evidence-driven image interpretation by combining implicit and explicit knpwledge in bayesian network[C]. IEEE Trans. Syst. Man Cybernet. —Part B,2011,41 (5): 1366-1381.

[70] GAYA N,JESSICA C B. Fish4Knowledge Deliverable D3. 1 goal,video

description and capability ontologies and process library[R]. Ver 1.0, 2011,10-31.

[71] SUN J L,JIN Q. Scalable RDF store based on HBase and MapReduce [C]. 3rd International conference on advanced computer theory and engineering (ICACTE),2010.

[72] LEE C H,et al. Learning to create an extensible event ontology model from social-media streams[C],2013,Part II,LNCS 7952,436-444.

[73] RAPHAël T, et al. Multimedia semantics: metadata, analysis and interaction ISWC. http://homepages. cwi. nl/~media/iswc09/[EB/O L]. [2012-09-08].

[74] CHEN A Y,LIU L C,SHANG J X. A hybrid strategy to construct scientific instrument ontology from relational database model [C]. International conference on computer distributed control and intelligent environmental monitoring (CDCIEM) 2012,25-33.

[75] WANG S H, ZHANG X D. A high-efficiency ontology storage and query method based on relational database[C]. International conference on electrical and control engineering (ICECE),2011,4253-4256.

[76] LIU H C,NING H,WANG T. A hybrid approach of mapping relational database schema to ontology[C]. International conference on computer science & service system (CSSS),2012,113-118.

[77] TELNAROVA Z. Relational database as a source of ontology creation [J]. International multiconference on computer science and information technology (IMCSIT),2010,135-139.

[78] HUANG Y Q,DENG G Y. Research on storage of geo-ontology in relational database[C]. 2nd. International symposium on information engineering and electronic commerce (IEEC),2010,1-4.

[79] FREDDY P. RDF-based access to multiple relational data sources[D]. Spain:faculty of informatics,university of polytechnics,Madrid,2009.

[80] XU W, WANG R J, YANG H FENG. RuleML-based knowledge representation of multi-level knowledge units[J]. Computer engineering and applications,2005,174-177.

[81] XIAO Z F,LIU Y M. Remote sensing image database based on NoSQL database[C]. 19th. International conference on geoinformatics,2011,

1-5.

[82] JIM W, SAVAS P, IAN R. REST in practice published [M]. USA: O'Reilly Media, Inc. , 1005 Gravenstein Highway North, Sebastopol, CA, 2010.

[83] ALAIN B, SERGE T. Methods and tools for effective knowledge life-cycle-management [M]. Germany: Springer-Verlag Berlin Heidelberg, 2008.

[84] CHEN H C, et al. Terrorism informatics: knowledge management and data mining for homeland security [M]. USA: Springer Science Business Media, LLC, 2008.

[85] SUMEET DUA SARTAJ SAHNI D. P. Goyal. Information intelligence, systems, technology and management [C]. 5th. International conference, ICISTM Gurgaon, India, 2011.

[86] GUO F Y, FANG Y. An ontology-based data integration system with dynamic concept mapping and plug-in management [C]. Information technology, computer engineering and management sciences (ICM), 2011, 3, 324-328.

[87] LI K, et al. Ontology-based heterogeneous data integration technology [C]. (FNCES), First national conference for engineering sciences, 2012, 3022-3024.

[88] ZHANG W, DUAN L G, CHEN J J. Reasoning and realization based on ontology model and jena [C]. IEEE Fifth international conference on bio-inspired computing: theories and applications (BIC-TA), 2010, 1057-1060.

[89] WANG R, WANG N B. Ontology-based deep web data interface schemas integration method [C]. 2nd. International conferenceon e-business and information system security (EBISS), 2010, 1-4.

[90] WANG J P, et al. Query transformation in ontology-based relational data integration [C]. Asia-pacific conference on wearable computing systems (APWCS), 2010, 303-306.

[91] YANG Y, HEFLIN J. Detecting abnormal data for ontology based information integration [C]. International conference on collaboration technologies and systems (CTS), 2011, 431-438 .

[92] VILJANEN K, TUOMINEN J. Normalized access to ontology

repositories [C]. IEEE Sixth international conference on semantic computing (ICSC),2012,109-116.

[93] DIALLO,GAYO. Efficient building of local repository of distributed ontologies [C]. Seventh international conference on signal-image technology and internet-based systems (SITIS),2011.

[94] DIBOWSKI H, KABITZSCH K. Ontology-based device descriptions and triple store based device repository for automation devices[C]. IEEE Conference on emerging technologies and factory automation (ETFA),2010,1-9.

[95] JAYATHILAKE D, SOORIAARACHCHI C. A study into the capabilities of NoSQL databases in handling a highly heterogeneous tree [C]. IEEE 6th international conference on information and automation for sustainability (ICIAfS),2012,106-111.

[96] CHEN Z K,et al. An objective function for dividing class family in NoSQL database[C]. International conference on computer science & service system (CSSS),2012,2091-2094.

[97] WANG G X,Tang J F. The NoSQL principles and basic application of cassandra model[C] International conference on computer science & service system (CSSS),2012,1332-1335.

[98] HAN J,et al. Survey on NoSQL database 6th international conference on pervasive computing and applications (ICPCA),2011,363-366.

[99] VIJAYKUMAR S,SARAVANAKUMAR S G. Implementation of NoSQL for robotics[C]. International conference on emerging trends in robotics and communication technologies (INTERACT),2010,195-200.

[100] LOMBARDO S, DI N E, ARDAGNA D. Issues in handling complex data structures with NoSQL databases [C]. 14th international symposium on symbolic and numeric algorithms for scientific computing (SYNASC),2012,443-448.

[101] LEAVITT N. Will NoSQL databases live up to their promise? [J]. IEEE journals & magazines,2010,43(2),12-14.

[102] TUDORICA B G, BUCUR C. A comparison between several NoSQL databases with comments and notes [C]. 10th roedunet international conference (RoEduNet),2011,1-5.

[103] SUBBU A. Restful web services cookbook[M]. USA:O'Reilly media, Inc. ,1005 gravenstein highway north,Sebastopol,CA,2010.

[104] TOM W. Hadoop: the definitive guide, 2nd Ed[M]. CA: O'Reilly media,Inc. ,1005 gravenstein highway north,sebastopol,2011.

[105] DIRK D. Business process technology: A unified view on business processes, workflows and enterprise applications [M]. Germany: Springer-Verlag Berlin Heidelberg,2010.

[106] NAGY K, HANNA. E-Transformation: enabling new development strategies innovation, technology, and knowledge management[M]. USA:Springer science business media,LLC,2010.

[107] NIKOLA K. Evolving connectionist systems the knowledge engineering approach. 2nd Ed [M]. UK: Springer-verlag london limited,London,2007.

[108] VIJAYAN S. Intelligent support systems: knowledge management [M]. USA:IRM Press,1331E. Chocolate avenue hershey PA,2002.

[109] JAY L. Knowledge management:learning from knowledge engineering [M]. USA: CRC Press LLC, N. W. Corporate Blvd, Boca Raton, Florida,2001.

[110] RONALD M. Knowledge management systems information and communication technologies for knowledge management: 3rd Ed[M]. Germany:Springer-Verlag Berlin Heidelberg,2007.

[111] VAN D V,J S,VAN D W. Sensor data storage performance: SQL or NoSQL [C]. IEEE 5th international conference on cloud computing (CLOUD),2012,431-438.

[112] LI T L,LIU Y,TIAN Y. A storage solution for massive IoT data based on NoSQL [C]. IEEE international conference on green computing and communications (GreenCom),2012,50-57.

[113] VON DER WETH, C. ,DATTA, A. Multiterm keyword search in NoSQL systems[J]. IEEE internet computing,2012,16 (1): 34-42.

[114] ZHANG H L, WANG Y, HAN J H. Middleware design for integrating relational database and NoSQL based on data dictionary [C]. International conference on transportation, mechanical, and electrical engineering,2011,1469-1472.

[115] KIM J D, SHIN H Y. Jena storage plug-in providing an improved query processing performance for semantic grid computing environment[C]. 11th IEEE international conference on computational science and engineering workshops, 2008, 393-398.

[116] CARNIEL A C. de Aguiar Sa Query processing over data warehouse using relational databases and NoSQL [C]. XXXVIII conferencia latinoamericana en informatica (CLEI), 2013, 1-9.

[117] OHENE K D, OTOO E J, NIMAKO G. O2-Tree: a fast memory resident index for NoSQL data-store[C]. IEEE 15th international conference on computational science and engineering (CSE), 2012, 50-57.

[118] XIANG P, HOU R C, ZHOU Z M. Cache and consistency in NoSQL [C]. 3rd. IEEE international conference on computer science and information technology (ICCSIT), 2010, 117-120.

[119] OKMAN L, GAL O N. Security issues in NoSQL databases[C]. IEEE 10th international conference on trust, security and privacy in computing and communications (TrustCom), 2011, 541-547.

[120] THANTRIWATTE T A M C, KEPPETIYAGAMA C I. NoSQL query processing system for wireless ad-hoc and sensor networks[C]. International conference on advances in ICT for emerging regions (ICTer), 2011, 78-82 .

[121] UEZ D M, DA S. A web searcher agent based on contextual rules and collaboration among agents[C]. Agent systems, their environment and applications (WESAAC), 2011, 51-58.

[122] BONNET L, LAURENT A, SALA M, REEDUCE. You say: What NoSQL can do for data aggregation and BI in large repositories[C]. 22nd. International workshop on database and expert systems applications (DEXA), 2011, 483-488.

[123] QU J H, WEI C. Research on a retrieval system based on semantic web international conference on internet computing & information services (ICICIS), 2011, 543-545.

[124] SANGODIAH A, LIM E H. Integration of data quality component in an ontology based knowledge management approach for e-learning

system［C］. International conference on computer & information science (ICCIS),2012,(1): 105-108.

[125] CURE O,KERDJOUDJ F,CHAN L D. On the potential integration of an ontology-based data access approach in NoSQL stores［C］. Third international conference on emerging intelligent data and web technologies (EIDWT),2012,166-173.

[126] TOM W. Hadoop: the definitive guide,storage and analysis at internet scale, 3rdEd［M］. USA, O'Reilly Media, Inc. , 1005 Gravenstein highway north,Sebastopol,CA,2012.

[127] Oracle and/or its affiliates,Oracle NoSQL database administrator's. http://docs. oracle. com/cd/E26161 _ 02/html/AdminGuide/index. html.［EB/OL］.［2014-04-01］.

[128] DEEPAK V. Storing JSON in Oracle NoSQL database using avro schemas. http://www. toadworld. com/platforms/oracle/w/wiki/10894. storing-json-in-oracle-nosql-database-using-avro-schemas. aspx ［EB/OL］.［2014-04-01］.